帮你的孩子克服焦虑

SPACE 疗法家长指南

[美] 伊莱·R. 勒博维茨（Eli R. Lebowitz）/ 著

帅 琳 / 译

上海社会科学院出版社

图书在版编目(CIP)数据

帮你的孩子克服焦虑：SPACE疗法家长指南 /（美）伊莱·R. 勒博维茨著；帅琳译.— 上海：上海社会科学院出版社，2023

书名原文：Breaking Free of Child Anxiety and OCD：A Scientifically Proven Program for Parents

ISBN 978-7-5520-4149-1

Ⅰ.①帮… Ⅱ.①伊… ②帅… Ⅲ.①焦虑—自我控制—儿童教育—家庭教育 Ⅳ.①B842.6②G782

中国国家版本馆 CIP 数据核字(2023)第 125865 号

© Oxford University Press 2021

Breaking Free of Child Anxiety and OCD: A Scientifically Proven Program for Parents was originally published in English in 2021. This translation is published by arrangement with Oxford University Press. Shanghai Academy of Social Sciences Press Co., Ltd. is solely responsible for this translation from the original work and Oxford University Press shall have no liability for any errors, omissions or inaccuracies or ambiguities in such translation or for any losses caused by reliance thereon.

All rights reserved.

上海市版权局著作权合同登记号：图字 09-2022-0125 号

帮你的孩子克服焦虑：SPACE 疗法家长指南

著　　者：[美]伊莱·R. 勒博维茨
译　　者：帅　琳
责任编辑：赵秋蕙
封面设计：黄婧昉
出版发行：上海社会科学院出版社
　　　　　上海顺昌路 622 号　邮编 200025
　　　　　电话总机 021-63315947　销售热线 021-53063735
　　　　　http://www.sassp.cn　E-mail：sassp@sassp.cn
排　　版：南京展望文化发展有限公司
印　　刷：上海市崇明县裕安印刷厂
开　　本：890 毫米×1240 毫米　1/32
印　　张：6.75
字　　数：180 千
版　　次：2023 年 9 月第 1 版　2023 年 9 月第 1 次印刷

ISBN 978-7-5520-4149-1/B·336　　定价：48.00 元

版权所有　翻印必究

译者序

本书翻译于上海疫情防控期间，彼时译者也受到焦虑的困扰。随着工作的进行，我越来越意识到自己在做一件非常有意义的事情。我欣喜于国内家长将获得一本应对焦虑儿童的手把手教学实用工具书。

本书所描述的儿童焦虑支持性教养疗法（简称"SPACE疗法"），不需要你有丰富的心理咨询经验，不需要强制孩子做他们不愿意做的事情，简单、可操作性强，书中大量案例会告诉你什么是错误示范，什么是有效示范。内容简洁精练，没有一句话是多余的！

在正式介绍SPACE疗法前，作者告诉我们，父母不是引起孩子焦虑的原因，并从四个方面解释了原因。这一点很重要，可以让家长们免于自责，更加专注于如何帮助孩子，同时潜移默化地帮助家长减少焦虑，毕竟高度焦虑的孩子往往他们的父母也有焦虑问题。作者形容焦虑的孩子就像在雷区生活，可以非常形象地帮助父母理解为什么焦虑的孩子会避免尝试新事物；用密室逃脱游戏帮助父母理解为什么有的孩子会表现出超乎常人的掌控欲，生动有趣又容易理解。第四章介绍了养育焦虑孩子时的常见陷阱，而这些是很多家长正在做的，在这一章读者可以意识到自己的做法有哪些是不对的，并停止这些不对的做法。第五章里的很多例子告诉读者家庭顺应的具体表现，可以帮助你了解自己的顺应状况，从而做出计划。从第六章开始介绍了减少顺应的准备工作——编制顺应地图、提供支持以及制订计划，这些准备工作有助于你接下来的行动，应对行动中可能面临的挑战。从第十章开始你要正式行动了！首先让孩子在天时地利的情况下了解你的计划，每个该注意的细节作者都一一举例说明。告诉孩子计划后，你就可以实施计划了。你可以预期实施过程中会遇到什么挑战，提前准备好应对方案很有必要，第十二章和十三章就列举了你可能会遇到的情况，孩子变得愤怒、沮丧甚至极端你该怎么办？伴侣不配合你该怎么办？不要放弃你的计划！书中介绍的方法会帮助你应对这些很有可能出现的情况。

本书的逻辑顺序非常严谨，建议读者按顺序阅读和操作，以达到最佳效果。帮助孩子减少焦虑是一项长期的工作，不是一朝一夕能够完成的，需要时间和耐心，相信 SPACE 疗法可以让你在一段时间后看到孩子的变化。

最后，借用作者原话再次表达对您阅读本书的敬意：谢谢每一位对孩子的需求保持敏感，并且想方设法帮助孩子的家长。你的敏锐让你意识到了孩子正在应对焦虑，而你的付出也引导你找到了帮助孩子的办法。

前　言

"我的孩子在努力克服焦虑，你能帮帮我吗？"

经常有父母这样问我，而他们的孩子正在饱受焦虑症的困扰，并且有愈演愈烈之势。是的，本书可以明确回答这个问题："**你**可以帮助你的孩子摆脱焦虑！"如果你的孩子有焦虑或者强迫问题，希望通过本书的一系列方法，你能有效帮助孩子降低焦虑，提高生活质量。

本书描述的一系列方法是一套系统的治疗方法，该疗法在临床试验中发现非常有效。这个疗法称为儿童焦虑支持性教养疗法，简称SPACE疗法。很多家长发现，SPACE疗法最令人兴奋、也是与其他儿童焦虑症疗法最大的区别，是它完全关注父母，为父母提供能帮助孩子摆脱焦虑的办法。也就是说，可以预见，本书绝不会要求父母去强迫孩子去做任何他们不想做的事情。按照本书的内容去做，你只需要尽可能改变你自己能控制的行为就可以了。

在此之前，让我们抛开关于童年阴影的一个常见误解：就是说童年阴影是由父母造成的，如果你的孩子有焦虑问题，很有可能是因为你曾经做错了什么，或是你本该做些什么却没有做。在第 3 章里，我提到了这个误解，并解释了为什么事实并非如此。让孩子尽可能过上最好生活的渴望，以及帮助孩子克服困难的渴望，跟你作为父母造成孩子的困扰，完全不是一回事。一旦你这样想，两者的区别就会变得很明显。毕竟，为什么做父母的只想要帮孩子解决由父母本身造成的问题呢？这根本说不通！而且，我们说（实际上也确实如此）父母对焦虑的孩子有所帮助并不意味着就是父母引起的焦虑。为什么做父母的只会对他们造成的问题产生影响呢？这也说不通。所以，无论是你为孩子的焦虑感到自责，还是别人因此责怪你，抑或你认为我说你有能力帮助孩子是在责怪你，让我们放下你是引起孩子焦虑的原因这个误解吧！

像很多其他疗法一样，SPACE有一套系统的流程，每一个步骤都有序地建立在前一个步骤之上。因此，使用本书的最好办法是通读完整本书，按照书中建议呈现的顺序去遵循这些建议。你可能会忍不住跳过或者略过某些步骤，尤其是你迫不及待想要尽快开始行动，想看到孩子的焦虑好转的时候。但如果你按照顺序实施每一步，你和你的孩子最有可能取得最好的效果。花时间耐心完成所有步骤，利用好附带的工作表，才是帮你实现帮助孩子减少焦虑的最好办法。

虽然完成每一个步骤需要一些时间，但我们要知道，治疗儿童焦虑总是要需要时间和努力的。SPACE虽然已被证实是减少儿童焦虑的有效方法，但这项研究集中在为期12周、父母每周定期与经验丰富的治疗师会面的临床研究中。其他的治疗方法，如儿童认知行为疗法（在第2章中简单提到），也依赖于每周定期与治疗师的会面，也需要他们在治疗期间做大量工作。所以，在独立处理像本书一样的书籍时，不要试图欺骗自己。投入精力，花费时间，这样你才能确保自己最有可能成功。这里建议你每周留出1小时来设置你自己的"会面时间"，在这个时间里，你（或和你的伴侣一起）投入身心去研究本书，并且思考你正在取得的进展。

当然，即使投入了大量的时间和精力，研究一本书也不能完全代替临床专家熟练的治疗技术。本书包含的工具和建议，足以让许多父母对他们孩子的焦虑起积极作用。但是如果你意识到本书还不够，或者你发现自己需要更多帮助，那么与专业的心理健康咨询师合作将是你最好的选择。选择的心理健康咨询师要了解儿童焦虑症，并且有丰富的治疗经验。

最后，非常感谢你！谢谢你作为家长对孩子的需求保持敏感且致力于帮助孩子。你手上的这本书正是为想要帮助孩子的家长所写。你的敏锐帮助你意识到了孩子正在应对焦虑，而你的付出也已经引导你去寻找帮助他们的办法。所以，谢谢你！

目录

译者序 / i

前　言 / i

第1章　认识儿童焦虑 / 1

第2章　儿童焦虑的分类与治疗 / 23

第3章　孩子的焦虑占据了你的家庭吗？ / 37

第4章　养育焦虑孩子时的常见陷阱 / 44

第5章　家庭顺应 / 58

第6章　编制顺应地图 / 76

第7章　怎样给孩子提供支持？ / 83

第8章　首先减少哪一个顺应？ / 99

第9章　如何制订减少顺应的计划？ / 109

第10章　怎样让孩子了解计划？ / 123

第11章　执行计划 / 147

第12章　克服困难——处理问题孩子的反应 / 159

第13章　克服困难——处理与伴侣合作时遇到的问题 / 174

第14章　接近尾声，那么接下来呢？ / 188

附录A　工作表 / 193

附录B　资源 / 204

第 1 章
认识儿童焦虑

什么是焦虑？

焦虑一词通常用来形容一个系统，这个系统帮助我们意识到可能的威胁和危险，帮助我们免受这些威胁和危险的伤害。所有生物，从最简单的生命形式到复杂的动物和人类，都有一个系统。这个系统负责区分安全的事物和有害的事物。能做出这种区分对于生存和健康至关重要。有的动物用嗅觉来确定食物能否安全食用，而有的动物靠听周围的声音来辨别离开领地是不是安全。

我们人类也利用感官来帮助我们远离麻烦，比如我们会在巨大的噪声中跳起来，或者在穿过马路前左右观望，或者闻一闻酸奶瓶来判断它能不能吃。人类也可以对那些并不存在、感官无法检测到的威胁做出反应。我们想象危险并采取措施避免危险的独特能力，是人类的宝贵财富。我们能在危险发生之前阻止它发生，而阻止它的能力依靠的是我们的想象力。毕竟，如果危险的事还没有在现实世界中发生，那么它唯一存在的地方就是我们的想象中。

当我们想象不好的事情或发生危险的事情时，想象中的场景会激活我们的焦虑系统，就好像不好的事情正在现实世界中发生了一样。想象一下，你接到医生电话，医生告诉你你最近的检查结果令人担忧，让你尽快去医生办公室讨论检查结果并要求做更多检查，最好当天就去。试着生动地想象这个场景,尽量真实地感受到医生声音中的担忧和紧迫感。这让你有什么感觉?也许是害怕或者担心,也许你的身体会比刚刚感到更加紧张。也许你想要停止这些想象中的恐惧,试图逃离恐惧,并且提醒自己它们并不真实存在。

有这种感觉是完全正常的反应,这生动证明了我们的想象力多么奇妙。思考消极或危险的场景,是我们的想象力最重要的工作之一。当然,我们通常更喜欢花白日梦的时间去想象我们希望将要发生的令人愉快的事,这也是想象力的一个重要功能。但是,想象所有可能发生的糟糕的事情,对我们保持安全更有用。我们的想象力甚至已经专门进化出来,让我们能思考风险和危险,而不是有趣的、令人愉快的事情。

再举一个例子。想象一下有个熟人为了快速赚大钱,让你投资他的新项目。你可能会考虑以下几点:

- 把一点钱变成很多钱真的是太好了。
- 可以一次解决你的财务危机,这种感觉太棒了!
- 可以告诉你的家人朋友,你抓住了人生中致富的机会,那多自豪啊!

但是,你可能还有其他的想法:

- 你可能会感到迟疑,想象在这个古怪的项目中失去自己辛苦赚来的钱。
- 你可能会想象,告诉别人你把收入浪费在一个不成熟的想法上有多尴尬。

如果你只有第一种想法,就是那些容易致富的令人愉快的场景,你可能会抓住尽可能多的投资机会。而那些消极的想法，虽然不那么愉快但是至关重要，可以保护你避免由于冲动、不计后果而导致的灾难。通过想象消极后果，引发你对这些后果的焦虑，就好像它们真的发生了一样，你的想象力可以保护你，让你在现实世界中远离危险。

能够在想象的危险发生之前做出反应是需要代价的。当我们对想象中的危险感到焦虑时，我们就容易受到影响，担心那些实际上不现实也不可能发生的事情。问一些"如果"的问题，尤其是焦虑的人不断重复问，意味着我们可以想出一些非常不切实际的"如果"。用非常真实的焦虑感来应对编造的场景，意味着我们可能会对很多根本构不成威胁的事物感到焦虑。我们甚至会害怕那些我们明知不存在的东西，比如鬼魂和女巫。

充分考虑各种可能的想象的场景，然后想出一种方法来评估它们，从而使最现实最有可能的场景优先于那些极不可能或非常古怪的场景，这样我们才能做出明智的决定。我们还需要平衡可能的风险与各种行动方案的潜在收益。快速致富的感觉可能很好，但好到让我们足以承担失去已有财富的风险吗？要做出明智的决定，主要依赖于人类不一定擅长的两种技能：

- 我们需要弄清楚哪些情况更有可能发生，哪些情况不太可能发生。
- 我们要能够为可能发生的结果的好坏赋值。

这两者都是非常难做到的，尤其是当当前可用的信息非常有限的情况下。记住，我们是在应对想象中的场景，所以现实生活中的信息并不一定有用。

不同的人会以不同的方式来处理这个问题。例如，你是那种倾向保守行事的人，还是那种更喜欢冒险的人？如果你更喜欢保守行事，那么可能意味着你更重视脑海中的消极场景，而不是积极场景。如果你是一个冒险者，那么你可能更愿意相信潜在的积极结果是最有可能实现的，或者你可能更重视积极的结果，而不是消极的结果。

如果你在阅读本书，很有可能你家里有儿童或青少年，而你对孩子的焦虑水平有些担心。试着从孩子对自己想象中情景的应对方式来思考孩子的焦虑：

- 他是不是总是想到最糟糕的场景？
- 你是否曾因他"选择"关注消极场景而不是积极场景感到沮丧？
- 你的孩子是不是淡化了事情往好处发展的可能性，而"选择"相信事情不会进展顺利？
- 甚至当事情好转、孩子担心的消极情况并没有发生时，他会"拒绝"接受这一点，或者相信事情会再次变得糟糕？

我把"选择"和"拒绝"打引号，是因为这些词可能并不合适。事实上孩子们并没有真正选择是否相信他们想象中的消极或积极场景。当然，大人也没有做这样的选择。但是当你的孩子出现焦虑问题时，孩子会固执地坚持他的焦虑表现、行为或信念。如果你相信你的孩子能选择不再焦虑和少些担心，你可能会感到愤怒，这也会导致你对孩子生气或恼火。然而，我们要理解人类大脑是以不同方式运作的，有的孩子不管他们愿意与否，就是会比其他人更焦虑。当焦虑让孩子保持安全、远离麻烦的时候，这是一件好事。但是当焦虑让孩子更容易避免那些实际并不危险的事物时，这可能是一种负担。

让我们回想一下，做出平衡风险和回报的理性决策所需的两种技能：（1）评估不同事件发生可能性的能力；（2）赋予这些结果如果发生会有多好或有多坏的能力。表 1.1 举例说明了我所说的对积极结果和消极结果"赋值"的能力。当我们说一个孩子很焦虑时，通常描述的是这个孩子在使用这两种能力方面表现出了一些可预测的模式。焦虑的孩子通常会高估消极事件发生的可能性，而低估积极事件发生的可能性。焦虑的孩子也可能会认为消极事件极其消极（赋值较高），而对不那么焦虑的人来说消极事件似乎是合理的。另一方面，焦虑的孩子通常会认为积极事件不那么积极（赋值较低），这使得那些潜在的好的结果不太能影响到他的决策。这些可预测的思维模式最终导致的结果是什么呢？如果消极事件有高可能性和高赋值，而积极事件似乎不太可能发生也没有那么积极，不必感到奇怪，焦虑的孩子倾向于远离冒险，而转向更谨慎的行为方式。

表 1.1　积极事件和消极事件赋值的例子

	积 极 事 件	消 极 事 件
高	这会是最棒的旅行！	这次旅行将会是一场噩梦！
低	这次旅行还不错。	这次旅行可能会很无聊。

还有一件事会强化这个可预测的模式。焦虑的孩子真的很擅长想象那些消极事件，还经常会想出别人无法想象的后果。当一个孩子能想到一到两个比较明显的消极结果时，焦虑的孩子已经想到了很多很多。

假设有个女孩正在考虑举办生日聚会，她想知道这个计划能不能实施。她的脑海中可能会出现各种各样的场景，有些是积极的，有些是消极的。她可能会想，如果每个人都在她家玩得很愉快，她就会越来越受欢迎。她可以想象从朋友那里收到许多漂亮的礼物。她也可以想象会和其他孩子度过一个愉快的下午。而另一方面，过生日的孩子会想到消极的可能性，比如很多孩子选择不参加聚会。或者她也会想象这个生日聚会特别糟糕，客人们纷纷抱怨一点都不好玩。她还可能想象聚会上发生一些令人尴尬的事情,让她感到羞辱以至于没办法回到学校。或者她会想象其他孩子谈论她,说些刻薄的不友好的话。

对焦虑的孩子来说,第二类情况更有可能发生,他也会更加强烈地感受到。在第二类情况里事情会变得很糟糕,他最终会后悔,认为一开始就不应该举办生日聚会。消极事件的高赋值(如"这很可怕""灾难"或"世界末日")可能会超过潜在的积极事件,对于这些积极事件他给予了较低的赋值(如"还可以""马马虎虎")。焦虑的孩子可能想到的消极情况,对不那么焦虑的孩子来说就不会想到,比如一场暴风雨或一场大火破坏了聚会,有人在游泳池里溺水,所有人因为生日蛋糕导致食物中毒,或者小寿星在所有客人面前呕吐。

如果你的孩子感到焦虑,他就不会简单地选择忽略这些消极事件的可能性,不会相信只有积极的事件会发生。他也不会认为消极的事件没那么可怕。这样我们很容易理解,为什么高度焦虑的孩子会选择放弃举办生日聚会:因为其中的风险不值得他们去做。对焦虑的孩子来说,举办一场聚会并承担这种程度的风险,可能和你把所有钱投资给一个快速致富项目一样鲁莽。

为什么有的孩子会受到焦虑的困扰?

有焦虑孩子的父母通常会提出以下问题:

- 为什么会发生这种事?
- 为什么其他孩子没有这种问题?
- 是因为他是个中等的孩子吗?
- 还是我们做错了什么?

- 这是遗传来的吗？

如果你的孩子比其他孩子更加受到焦虑的困扰，你可能会想知道其中的原因。心理健康学并没有很好地回答为什么有的孩子会比其他孩子更焦虑。如此重要的问题却没有可靠的答案，这似乎令人惊讶。但是如果你考虑了两件事，你就会意识到这其实并不令人惊讶：

- 第一件事是，心理学和精神病学是相对较新的医学领域，它们是关注心理健康和情绪健康的学科。虽然儿童和成年人受到焦虑症困扰的问题一直存在，但将它作为医学领域的一部分去科学地研究还是比较新的。
- 第二件事是，要认识到人类的大脑是多么复杂、多么具有挑战性，而我们用以研究它的手段是多么有限。人类大脑有数百亿个神经元，通过一个突触网络相互连接，这远比最复杂的机械还要复杂得多。哪怕在最基本的水平上理解大脑的正常运作，也是一项极具挑战性的任务，目前还在探索之中。而我们用来研究大脑的手段也是非常有限的。

考虑到大脑的复杂性，研究手段的局限性，以及相对较短的研究时间，科学目前已经提供了许多关于焦虑和其他问题的有用信息。但是关于为什么有的孩子有较高的焦虑水平而其他孩子没有，这个问题还没有明确答案。这个问题也不太可能有答案。多种因素会导致孩子产生较高的焦虑水平，包括内部生物因素和外部环境因素。似乎有些孩子天生就有更焦虑的倾向，这是通过遗传和随机确定的 DNA 特征结合来决定的，而 DNA 是决定生物特征的遗传密码。即使是像眼睛颜色这样简单的特征，长期以来被认为是由单个基因决定的，也比之前科学家认为的更复杂，更别说还没有单独的"焦虑基因"。

环境因素，从产前的环境，到孩子出生后的环境，都可能会有影响。大多数情况下，环境因素可能会影响已经存在的生物因素和遗传因素。

有的时候，人们容易认为是某种环境因素导致孩子产生焦虑。父母和治疗师都有可能陷入这个思维。例如，如果孩子是领养的，或者父母离婚或经常争吵，或者孩子在学校被欺负，或者孩子有研究天赋，或者有慢性疾病，或者体重过胖，或者失去所珍爱的人，人们会很自然地认为是这些原因导致了孩子的焦虑问题。当然，可能是这些事情让孩子变得焦虑，也可能这些因素就是孩子正在焦虑担心的事情。但是如果没有这个因素，这个孩子可能不会焦虑。很有可能孩子是为未知的原因感到焦虑，而这些已知的因素只是作为"引子"，用来解释那些无法解释的东西。当然，我们应该尽可能为孩子提供健康稳定的环境，但是认为孩子的焦虑问题是特定生活的结果，这是错误的想法。

那么，我们能做什么呢？有一些有效的方法能战胜焦虑，而并不需要知道为什么孩子会有焦虑问题。即使是在其他医学领域，很多治疗方法被使用是因为它们确实有效，而不是因为医生确切知道为什么某人会有这个问题。本书主要关注的是，父母通过改变自己的行为来减少孩子焦虑的方法。下一章中，你还会看到其他方法，我也建议父母考虑其他选择，为你的孩子寻求尽可能多的帮助。

焦虑问题有多普遍？

焦虑问题是儿童和青少年最常见的心理健康问题。更具体地说，研究表明从学龄前儿童到青春期少年，有 5%～10% 的孩子存在焦虑问题。取 7.5% 的均值（这个数字与最近一项大规模研究报道的数据非常接近），这就意味着有 25 人的教室里，任何时候都会有 2 个学生有焦虑问题。如果你的孩子感到焦虑，他很有可能不是唯一一个！如果我们问有多少孩子会有焦虑问题，而不是问现在有多少孩子有焦虑问题，那么这个数字会高得多。数据显示，青春期结束前某个时间出现焦虑问题的孩子多达三分之一。

这些非常高的数字也提出了一个问题：为什么焦虑如此普遍？普遍程度还在上升吗？还有我们应该怎么做呢？生活在当今世界的某些特点，比如沉浸于社交媒体，或者对更高成就和评价的偏好，都可能会让孩子们更加焦虑。但是很有可能，现在感到焦虑的孩子，大多数在其他时候也会受到焦虑的困扰，而我们只是相较于过去更能意识到儿童焦虑问题，也更加能发现问题。

焦虑问题，还是焦虑症？

本书里，我更愿意把孩子们描述为有"焦虑问题"或"高度焦虑"的孩子，而不是患有"焦虑症"。这样做出于很多原因，当然你也可以用你喜欢的词替代这个词，意思不会改变。不使用更加临床的"焦虑症"的其中一个原因是，孩子不需要达到疾病的程度，本书描述的工具和策略才会有所帮助。即使你的孩子只是感到有一点点焦虑，并没有达到焦虑症的正式诊断标准，你也可以帮助孩子更好地适应，减少焦虑。事实上，帮助中度（或"亚临床"）焦虑水平的孩子特别重要，因为这可能会帮他免于达到符合正式诊断标准的焦虑水平。

不强调正式诊断障碍的另一个原因是，这些诊断实际上是相当武断的，而决定一个孩子是否患有焦虑症也是很主观的。因为没有血液检查也没有 X 光片来确定是否患有焦虑症，所以这个诊断取决于孩子或者父母是否认为焦虑已经以某种方式严重干扰到了孩子的生活。如果你在读这本书，你可能会感觉到，焦虑是让你的孩子失去快乐或不像你期望那样的一个重要因素。这种情况下，无论正式确诊与否，本书提到的策略都与你有关。

还有一个关注焦虑问题而不是焦虑症的原因是，焦虑症是高度"共病"的，也就是说如果孩子有焦虑症，那么很有可能他还有至少一种其他病症。根据焦虑症的主要"触发因素"，心理健康专家将焦虑症分为具体的诊断（例如，你的孩子是怕猫还是怕社交场合？），根据焦虑的表达方式又将焦虑症分为单独的诊断（例如，你的孩子主要表现为心理焦虑，还是尤其表现为生理上的焦虑？）。这些分类有时候是有用的，但是也不全面。一个对猫和社交场合都焦虑的孩子，可能只是一个高度焦虑的孩子在不同情境下的不同表现。

最后，使用"障碍"这个术语可能会让人疑惑，因为它似乎是对一个问题的解释，而不仅仅是描述问题。如果你的孩子患有焦虑症意味着他经历的焦虑水平高到需要临床关注，了解更多关于这种障碍的知识可以更好地帮助你了解自己的孩子。例如，你可能会了解到，某些行为看上去与焦虑无关但实际上是焦虑症的症状。但是知道你的孩子患有焦虑症并不能解释他为什么会感到焦虑，而只是承认他有焦虑症。

焦虑有哪些表现？

焦虑的表现有很多种。比如：

- 她晚上睡不着；她的头脑似乎卡在高速运转里了。

- 他不会尝试任何新的东西——宁愿每天做同样的事情。
- 她对一切事物都反应过度。
- 他无法忍受我们今天没有做详细计划。
- 她永远不会做决定，她就是讨厌做决定。
- 他似乎总是脾气暴躁。
- 很小的事情都会让他陷入恐慌。
- 她说想要交朋友，但是她总是拒绝任何一个试图接近她的人。
- 他总是至少提前思考十步。

焦虑在不同孩子的身上可能会表现得非常不同。我们需要考虑孩子在四个不同领域的功能，以及焦虑是如何以不同形式影响每个领域的。这四个领域分别是：身体，思想，行为和感觉。孩子的焦虑某种程度上可能会对这四个领域都产生影响，但对有些孩子来说，其中一个领域受影响最明显，而其他孩子受最明显影响的可能是另一个领域。例如，你可能会意识到孩子思想和行为的变化，但没有注意到他身体和感觉的变化。或者你的孩子可能最焦虑的是身体，而其他方面却没那么焦虑。当你看完这四个领域的内容，思考你的孩子的每个领域情况如何，并用本书最后的附录 A 工作表 1（焦虑是怎样影响孩子的？），写下焦虑是如何影响孩子的。

身体

身体指的是构成孩子身体体验的所有东西，甚至包括他未意识到的身体所做的事情。当孩子感到焦虑时，他的身体机能会发生很大的变化，并且随着时间的推移，频繁的焦虑会导致身体长期的变化。想想你的孩子焦虑的时候身体是什么样子的。他的肌肉可能看起来更僵硬，更紧绷。他的呼吸会加快，或者呼吸变得更浅。有的孩子焦虑时会颤抖，或者感到头晕、恶心等。他们的胃可能会感到异样，比如抽搐、疼痛或不舒服。有的孩子会注意到因为焦虑而出汗，或嘴唇变得干燥。孩子可能会提到各种其他身体感觉，比如感到怪异或奇怪，或者感到心脏怦怦直跳。还有一些孩子没有注意到的身体方面的变化。你可能会注意到其中一些，比如坐立不安或抽搐的次数变多，瞳孔扩张或体温的变化。

当我们感到焦虑时，身体上的这些变化是正常的，它们构成了人类暂时性的战或逃反应，人类进化出这种反应用来帮助自身应对危险。身体会通过准备战斗或逃跑来对危险感做出反应。当孩子没有做出这样的反应，要么是因为当时没有实质上的危险，要么是因为逃跑和战斗都不合适，但是孩子会被那些感觉困住，这种体验是非常不愉快的。事实上，如果孩子大部分时候都感到焦虑，反复激活战或逃反应可能是有害的。他可能会抱怨更多疼痛，比如头痛、背痛或胃痛。焦虑还会让人更难以入睡和休息，而缺少休息放松时间又会对情绪、注意力和身心健康产生负面影响。

短暂的身体焦虑感对健康的孩子来说并不危险，知道这一点很重要。可能对你和孩子来说，心跳加速和呼吸急促是可怕的事情，但当孩子感到害怕的时候这是身体应当做的反应。孩子感到焦虑时，他的身体状况就和剧烈运动时如出一辙，比如快速奔跑、踢球赛或者和兄弟姐妹疯玩。跑步或者玩耍的时候，这种感觉并不可怕，因为你们都知道为什么孩子的身体会这样，当引起这种反应的原因是焦虑时，他也同样是安全的。就像孩子停止跑步或停止撒欢后一样，在身体经过一段时间的焦虑之后，他的身体会慢慢放松，恢复到正常活动状态，心率变慢，呼吸变深。恐惧也会让孩子的身体很快变得激动，但随着时间的推移身体也会放松下来。身体知道如何让自己平静下来，哪怕什么都不做，知道这一点是非常令人心安的。即使孩子不知道怎样让自己平静下来，即使你无法为他做什么，他的身体经过一段时间也会自己平静下来。

思想

我们感受世界的方式对我们如何看待和思考周围世界有重要影响。本章前面我们已经讨论过，焦虑的孩子和不焦虑的孩子的想法不同。焦虑的孩子（1）往往很擅长在想象中想出消极的场景；（2）倾向于给消极可能性更高的赋值，使得这些可能性看起来要比其他孩子看到的更糟糕；（3）倾向于相信消极事件比实际情况更容易发生。甚至那些不经常焦虑的人，他们在感到焦虑的时候也会高估消极事件发生的可能性。有趣的是，不仅仅是那些让我们感到焦虑的事情看上去更有可能发生；当我们焦虑的时候，所有消极事件都看上去更有可能发生。这就是焦虑的孩子容易感到担忧的原因之一。

还有一件事你可能也注意到了，焦虑的孩子的思想中，他过于关注自己的焦虑，甚至不再注意其他事情。有时他甚至根本不想谈论任何别的事情！但是，如果你让自己站在孩子所处的位置，你很容易理解为什么会这样。人类大脑进化成首先考虑威胁，然后才考虑其他一切。当我们发现威胁的时候，先将其他事情搁置直到处理好威胁是很有意义的。想象一下，你在和同事打电话谈论与工作有关的重要事情，同时试图做饭。如果因为热油厨房里生了一点小火，那会发生什么？你可能会扔掉手机专心灭火！难道是关于工作的谈话不重要吗？当然不是，但是这件事你必须等。你的大脑必须选择现在该优先考虑什么，正如人们所说的安全第一！现在想想，如果是孩子的大脑，它会想些什么。如果他今天必须扑灭这场火，那么其他一切事情都将退居次要地位。例如，如果大脑感觉到教室里有火，它根本就不会关注老师在说什么！当厨房真的起火的时候，你可以采取行动先灭火，然后你可以考虑其他事情，比如工作电话。但是，当孩子感到焦虑时，他可能没有办法采取行动灭火,因为只存在于他的脑海里。结果是,孩子可能看起来视野很狭隘,狭隘到只关注他焦虑或担心的事。

受焦虑影响的不仅仅是我们头脑中逐字逐句的想法,我们如何分配临时的和更快的注意力也会受到焦虑的影响。心理学家将这种把更多注意力放在引发焦虑的事物上的倾向称为"注意力偏好",而焦虑的孩子倾向于有这种偏好。我们的大脑不断充斥着来自周围世界的景象、声音和气味,信息太多以至于人类大脑不可能对感官收集到的每一项信息给予同样的关注。正因为我们做不到,所以我们的大脑在不断地做选择。想象一下,助理就是通过你的邮件筛选出不重要的事情,这样你就可以专注于那些重要的事情。通过只选择所有信件和垃圾邮件中的一小部分,这个助理在帮你保持精力集中。

或者想象走进一个房间。你可能会注意到一些东西,比如看到其他人或闻到一种刺激的味道。如果你特别善于观察,你可能会注意到墙壁的颜色、椅子的数量,或毛毯上的地图。但是可能有很多事情你不会注意到,而且有趣的是,你确实注意到的东西并不是随机的。例如,大多数人走进房间注意的是房间里是否还有其他人,但只有很少的人能说出窗户是开着还是关着。如果你在房间里看到一件武器,你肯定会注意到,因为你的大脑想让你意识到危险。就好像你的助手在检查你的邮件时发现了一封可疑信件。他会想让你首先注意到这一封而不是其他邮件。

孩子的大脑也在不断地选择要注意什么,不要注意什么。这些选择也不是随机的。如果孩子非常焦虑,他很有可能对那些引起焦虑的东西分配更多的注意力,而不是那些看起来中立或安全的事情。因为对他们来说有威胁的事情更多,他们忙于应对这些事情,就不那么容易注意其他东西。就好像孩子的助手把无害的信件当成死亡威胁,不断冲进来打断其他一切事情,让孩子知道有一些新的危险。心理学研究表明,焦虑儿童对威胁的注意力偏好反应速度甚至比意识处理信息的速度还要快。快速给焦虑的孩子看两张图片，一张中性图片和一张可怕的图片，甚至只有 0.5 秒，时间短到意识还没能处理这些图片，而他们的注意力已经被可怕的图片吸引，使得他们不太可能关注到另一张图片。

你有没有过这种时候，你不想去想的东西会自己进入你脑海？你有没有过试图停止想一些事情，但这些想法还是不断出现？意识到我们可能有些想法是无意识的因此不能代表我们本身是怎样的人，可以帮助我们理解焦虑的孩子。焦虑的孩子可能会有可怕的、令人担心的甚至尴尬的想法，而这些想法并不是他们想要的。如果我们认为这些想法某种程度上代表了孩子是怎样的人，那他们的大脑似乎非常奇怪。但是你的孩子有这些想法也不是特别奇怪，毕竟我们的大脑都有点奇怪。我敢打赌，你不会想让别人看到你脑海中的所有想法。你知道自己有很多想法，有些是合理的、理性的、有序的，而有些是凌乱的、罪恶的、荒谬的且都是混乱的。这就是人类大脑的样子！你的孩子可能比其他孩子有更多焦虑的想法，而不是有不同想法。

我们无法停止去想。

你有没有试着告诉孩子诸如"不要去想它""你不需要担心这件事"或"不要再沉迷于这件事"？即使你没有，肯定也有其他人给了你的孩子这样的建议。同样可以肯定的是，这些建议基本没太大用处。如果孩子能够随意摆脱这些焦虑的想法，他早就这么做了！事实是，我们无法选择我们的想法。我们的大脑会提供很多我们不喜欢的想法，而我们对此无能为力。事实上，试图阻止自己去思考一件事让你更有可能去想这件事。与大脑对抗，试图强迫它不要去想什么，或者试图赶走一个让你不舒服的可怕想法，几乎总是会产生相反的效果。

对有些孩子来说，他们焦虑问题的很大一部分是陷入了无休止地试图赶走令人不愉快或可怕的想法，可最终这些想法越来越多。这可能发生在经常担心的事情中，比如想取得学业成功或保持健康。你的孩子可能陷入了看似无穷无尽的担忧—试图不再担忧的循环中。强迫症病人身上也会伴随强迫思维一起发生这种情况。强迫思维正是那些我们不想要出现在脑海里但仍不断出现的思维或感觉。强迫的孩子可能会花大量时间精力试图摆脱那些他们不想要的想法，但他们总是感觉这些想法不断出现，甚至变得更糟。

行为

孩子的行为，包括已经在做的和没有做的行为，都会受到焦虑的影响。记住，焦虑系统的工作是保护我们的安全，远离伤害。焦虑系统保护我们的主要方式是使得我们想要避开引发焦虑的事情。如果焦虑系统让我们想做相反的事——接近触发焦虑的东西，那么它在保护我们远离危险方面就做得太糟糕了！你可能注意到了那些孩子因为焦虑不愿意做的事情，或者那些他做起来要比我们想象中更困难的事情。例如，害怕暴风雨的孩子阴天的时候可能不想去室外，害怕社交场合的孩子可能会在轮到他在课上上台的那天试图逃学。这是因为焦虑系统在说："危险，快跑！"

随着时间的推移，有焦虑问题的孩子会逐步增加和扩大他们试图逃避的范围。这也是焦虑系统的一种自然发展倾向，许多情况下都是有用的。例如，你在一家连锁餐厅吃了坏掉的食物，你可能不会愿意再去这家餐厅的其他分店了。如果你不幸遇到了一条蛇，你可能会发展成倾向避开所有蛇类。这种"回避增长"或回避的泛化确实有一些不好的副作用。这意味着随着时间的推移，孩子的焦虑可能会对他日常生活中的机能产生越来越严重的影响。当孩子回避的事物越来越多时，他觉得安全的地方和情况就会越来越少。

回避还有一些不好的副作用。当孩子因为焦虑去回避一些事情时，他几乎没有可能发现这些事情是不是真的有危险。例如，如果孩子从没在学校做过口头演讲，他就没有多少机会发现演讲是不是真的像他想象中的一样糟糕。他也没有机会看看自己能不能应对并承受这种恐惧。

焦虑和回避可以让孩子去做某些事情，也可以让他不做某些事情。以害怕暴风雨的孩子为例。他的恐惧会让他在阴天不出门。但这种恐惧也会导致他做一些他本来不会做的事情，比如一天时间里反复查看天气预报，或者问大人暴风雨是否即将来临。就像回避一样（比如阴天不出门），焦虑引起孩子们做的事情会干扰到日常生活，让时间、精力和注意力远离其他事情。如同回避一样，焦虑的孩子因焦虑做的事情会随着时间的推移越来越长。

焦虑对行为的某些影响要更难识别。当孩子避免害怕的情境，或反复查看天气预报，人们很容易认识到这种行为是与对暴风雨的恐惧有关。但其他行为上的变化并不会如此明显。日常行为习惯的变化也可能受到焦虑的影响。比如：

- 焦虑的孩子可能更难以入睡，晚上醒来或做噩梦的次数更多，而且这些情况与焦虑的联系一开始可能并不明显。
- 孩子的饮食和食欲发生改变也可能是由于过度焦虑，包括饮食增多和下降。
- 焦虑会影响孩子的情绪，使他脾气更暴躁或与父母、兄弟姐妹产生更多的争吵。

如果你注意到孩子身上有这些变化，它们就可能与焦虑有关，它们也可能与焦虑无关。但如果以上行为不是你孩子身上典型的特点，而且还有其他迹象表明他正在经历高度焦虑，那么这些变化很有可能与焦虑有关。

即使行为上的变化与恐惧和焦虑直接相关，这种联系可能起初也很难识别。例如，有分离焦虑的孩子可能会尿床，因为他害怕晚上独自起来上厕所。或者他在睡觉或洗澡的时候变得非常抗拒，因为他害怕独自躺在床上或待在浴室里。如果你注意到孩子的行为有变化，你需要考虑这些是否与焦虑有关。试着问问孩子为什么很难做这些事情，不要认为他只是因为"淘气"或不听话。

焦虑儿童另一个常见的行为变化，也是会让父母感到无奈的是，孩子变得更加粘人。本书里你会看到父母是多么频繁卷入孩子的焦虑问题的，以及焦虑的孩子想要靠近父母是多么的自然。作为父母，你的存在就可能减轻孩子的焦虑，那么焦虑的孩子会想方设法靠近父母就不足为奇了。孩子可能会想要接近你，尽可能接触到你，比如牵着你的手或坐在你的膝盖上。或者他会想尽可能和你互动，问你无穷无尽的问题，或者为一些看似琐碎的原因把你从其他房间叫出来。即使不在同一个地方，你的孩子也仍然想通过电话或短信和你保持联系。不要认为你的孩子是在无理由地要别人关注，也不要觉得孩子不如你想要的成熟。在本书中，你会学到很多方法帮助孩子独自更好地应对这些情况，并通过你较少的帮助来让孩子自己解决他的焦虑。但是我们应该承认，当孩子因为焦虑比平时更需要和你亲近的时候，他不仅仅是需要帮助或稚气。

感觉

焦虑也会影响孩子的感觉。事实上，焦虑会以几种不同方式影响情绪，其中一些相对明显，而另一些会更为微妙，更难察觉。与焦虑最密切相关也是最容易识别的情绪是恐惧。当孩子感到焦虑的时候，他可能会告诉你他感到害怕，或者他不需要告诉你你就可以从他脸上看到害怕。不受控制的恐惧是一种非常令人不愉快的情绪，而孩子可能会想要尽快改变这种感觉。许多孩子在某些情况下确实会喜欢害怕的感觉，比如想看恐怖电影或坐过山车的时候，但这些感觉是愉快的，因为这种恐惧不是无法控制的。当孩子选一部恐怖电影来看，他就是在做一个选择，而且他知道如果他觉得受不了可以控制这种情况。在这些情况下，即使是高度焦虑的孩子也可能会喜欢这种害怕的感觉。然而，不是主动选择也不受控制的恐惧却是完全不同的体验，很少有人会喜欢。

几乎所有人都知道"战或逃"，但很多人忽视了焦虑中的战斗成分。假设你的孩子只有在恐惧中畏缩时才会感到焦虑，那么你可能会把战斗行为当成其他东西而不是焦虑。应对威胁时，生气、攻击性甚至愤怒都可以促进战斗行为的感觉。如果你的孩子变得更加易怒、愤怒或者暴躁，如果他开始有更多的脾气爆发，考虑一下这些变化更可能与焦虑有关，而不是本身的不良行为倾向。研究儿童发展的心理学家发现，焦虑和愤怒之间的联系可能非常紧密。

高水平焦虑不仅会增加恐惧和愤怒等情绪出现的频率，还会导致积极情绪的减少。一个焦虑的孩子感觉不到放松、平静或自信，也不太可能感到快乐、好奇、兴奋或友好。当孩子感到焦虑的时候，他的大脑处于一种防御模式，优先保护他的心理健康而不是其他东西。他可能看起来不是那么开朗大方和善于交际，或者可能对他通常喜欢的东西兴趣不大。其中一些问题与抑郁症的症状重叠。很多患有抑郁症的孩子会有焦虑问题，而很多焦虑的孩子也会抑郁，这并不奇怪。

雷区生活

许多有高度焦虑的孩子的父母形容他们的孩子是顽固的、不可改变和讨厌改变的。想想焦虑儿童的经历可以帮助理解，为什么这样的孩子会符合这些描述。

本书中我举了几个例子。有时候这些例子描述的是一个孩子或一个家庭，但其他时候，比如下面这一个，我会用一些故事和隐喻来帮助你想象焦虑体验是什么样的：

现在，想象一下你发现自己正身处雷区。你需要逃出去，但是你很害怕，因为你知道每一步都可能发生爆炸！想想你将如何走出雷区。首先你可能想要步数越少越好！当每一步都可能是你最后一步时，就没必要多走一步。你只关心走出去，而其他任何需要额外步数的事情你都会忽略。当你看到几码外的地方有朵美丽的花，你就不会走过去看看它。欣赏花朵是很好，但这绝对不值得你冒着被地雷炸掉的风险。还有一件事情你可能会很快意识到：如果你必须后退，你最好只走你之前走过的地方。你已经走过的任何地方都会比其他新地方要安全得多。新，意味着未经尝试、未经测试和潜在的灾难，而重复走过的一步意味着安全和信心。

请你将孩子看作和地雷生活在一起。孩子的焦虑会让他觉得他的生活就像一个雷区，充满了潜在的危险和灾难。当然，他一步都不想多走。尽量少做，远离危险的经历，这只是常识！孩子不愿意尝试新事物，或者任何事情总是以同样的方式去做，这可能会让你感到沮丧，但是对雷区的孩子来说，这是很自然的事情。孩子可能会愿意放弃许多潜在的令人愉快和有趣的事情，因为有风险会遇到非常糟糕的经历：

- 聚会好玩吗？当然。他会去吗？绝不！因为聚会也可能很可怕。
- 新食物和不熟悉的食物尝起来好吃吗？有可能。她会品尝吗？不会！因为可能会很难吃。

做一件不同的事或冒个险，感觉就像是雷区中间盛开的花，它似乎不值得去尝试。

当你的孩子在雷区行进时，一个对你来说微不足道的、不重要的改变对他来说似乎是危险的。例如，如果你必须换个路线驾车去学校，孩子可能会表现得非常焦虑或愤怒。你可能会想，这有什么要紧的呢？而这正是重点！你的孩子并不知道这重不重要，而他也不想冒险去弄明白它是否重要。降低孩子焦虑的好处之一是增加孩子的灵活性（即应对突发状况的能力）。但与此同时，记住你的孩子正在穿越焦虑的雷区，这能帮助你理解那些看似非理性和不必要的固执。

掌控局面

父母通常用来描述焦虑孩子的词还有控制欲、专横，以及表现得好像全世界要围绕他转。同样的，从焦虑儿童的角度来看待生活可以帮助你理解为什么他看起来是这样。

你玩过密室逃脱吗？这是一个有趣的团队合作游戏，你有1小时时间解决一些谜语和谜题，每一次解开谜题都会让你离拿到打开房间的钥匙更近一步，让你能够走出房间。当然，你可以在任何时候离开这个房间，因为它只是个游戏，1小时后无论你是否解决了所有谜题你都会离开这个房间。正是因为你知道这是一个游戏，所以这个游戏很有趣。你知道自己不是真的被困，所以你可以享受挑战。如果你犯了个错误，那也不是很重要；如果团队中有个人没有努力解决这些谜题，那是他的损失。

现在想象一下你是在密室里面，但你们队伍中有个人没有意识到这是个游戏。你们的引导者说如果你们想出去的话要在1小时内解决所有问题，而这个人不明白引导者是在表演。这个队友认为你们有1小时时间来解决这些棘手的难题，弄清楚每一个谜题，否则你们就会永远困在这儿！这听起来就不再那么有趣了，对吗？完全一样的谜题和谜语，但体验却非常不同。那个以为是真的被困的队友，认为每一秒都很宝贵，每一个错误都是很可怕的挫折。那么他会怎么表现呢？他可能会感到困惑，并且为其他人没有足够认真对待这个问题感到生气！他会认为他需要控制住局面，确保你们所有人都在竭尽所能解决问题，因为任何不尽最大努力的人都会把所有人的命运置于危险之中！

当你确信一切会顺利进行的时候，就很容易让事情顺利发展。你不需要控制局面，因为无论如何事情都会向好的方面发展。但是当你感到危险无处不在，只有一种方法能让事情好转的时候，你会尽你所能确保事情完全按照正确的方式进行！家里有一个焦虑的孩子，有点像有个队友困在密室里，而他却没有意识到这只是一场游戏。他会为其他人的懒散和粗心大意感到困惑。当其他人看上去没有足够认真对待事情的时候，他可能会生气。他也可能想要控制住局面，确保所有事情都做好！这么考虑焦虑的孩子看上去专横或控制欲强，就不足为奇了。当其他人只是在一起玩的时候，他们在为自己的生命而战。这对你来说可能很恼火，但对这些孩子来说是令人愤怒和非常疑惑的。你的孩子可能知道他的控制行为会惹恼你，但他更可能觉得如果他要及时逃离房间就没有别的选择！

本章你学到了：

- 什么是焦虑
- 为什么有些孩子会受到焦虑困扰
- 焦虑问题有多常见
- 为什么本书要用"问题"而不是"障碍"
- 焦虑是怎样影响孩子的思想、身体、感觉和行为的

第 2 章
儿童焦虑的分类与治疗

儿童和青少年焦虑主要有哪几种类型？

可能引起孩子焦虑的事物数不尽数，但有些恐惧和担忧会比其他的更常见，最常见的几种被分为不同的焦虑症。在本章中，你将了解到几种常见的焦虑症。然而，重要的不是给孩子贴标签，而是了解怎样帮助孩子减少焦虑。无论你的孩子是否符合其中一种或多种焦虑症标准，如果他正受到高度焦虑的困扰，你都可以采取措施帮他过上更快乐、不那么焦虑的生活。当你读到焦虑症的时候，你会发现可能其中一个或多个符合你家孩子的情况。如果你仍然无法确定孩子是否焦虑，或者你想知道更多关于标准诊断的知识，那么，向专业的心理健康专家咨询可以为你提供答案。

分离焦虑

分离焦虑是青春期前儿童最常见的焦虑问题，也有可能发生在年龄更大的孩子身上。分离焦虑的孩子，在与主要照顾者实际分离时，甚至有可能被分离时，会表现出明显的痛苦。分离时间不一定很长，但有些孩子即使是最短的分离也会感到害怕。他可能害怕自己睡觉，宁愿睡在你的床上或让你睡在他旁边。如果你的孩子有分离焦虑，他可能担心你不在的时候他会发生不好的事情，或者你离开的时候你会发生不好的事情，或两者都有。某些情况下，孩子尤其是年幼的孩子，可能无法用语言表达对分离的特定恐惧，而焦虑则可以通过他们的行为表现出来。关于分离的噩梦在分离焦虑的儿童中很常见，这些梦会增加睡前困难或导致其他与睡眠有关的问题。

当孩子认为他会与你分开的时候，他可能会变得焦躁不安。他可能会哭、呕吐、大喊大叫、颤抖或生气。他可能会紧紧抓住你，避免分开。由于分离时间过长，所以上学很有挑战性，而分离焦虑会导致旷课。如果孩子担心和你分开，他可能会反复问你关于计划的问题，或者要求你保证你不会离开。当你不在的时候，他也可能会通过电话或短信联系你。

社交焦虑

社交焦虑（也称为**社交恐惧症**）在儿童和青少年中很常见，而且女孩往往比男孩出现得更早。大多数有社交焦虑的孩子害怕各种社交情境，在任何他们认为涉及判断和评估的情况下会感到焦虑，但有些孩子只会在特定情境下感到害怕，比如在观众面前表演。

如果你的孩子有社交焦虑，他可能会害怕或避开社交场合，尤其是那些涉及其同龄人的场合。年幼的孩子通常不愿意参与被别人负面看待或令他感到尴尬的情境，而年龄较大的孩子则通常会描述对这些情境的恐惧。你的孩子可能在学校里不和其他孩子说话，避免参加聚会等社交场合，以及当家里来客人的时候会尽量躲起来。社交焦虑的孩子通常害怕或避免的其他事情包括：在别人面前吃东西，使用公共厕所，通电话，和不熟悉的成年人如店员或服务员讲话，以及在课堂上问或回答问题。严重情况下，社交焦虑会导致高度的自我孤立，几乎不与其他人接触。如果你的孩子有社交焦虑，他可能很难与别人在交流的时候进行眼神交流，很难用非常柔和的语调说话，或者他的身体语言看起来非常僵硬。

选择性缄默症通常与社交焦虑有关，它描述了在特定情况下完全不说话的孩子，尽管在其他情况下身体上和精神上都能够与人交谈。

广泛性焦虑

广泛性焦虑在青少年中，比幼儿和青春期前的孩子中更常见，尽管很多青春期前儿童已经有了广泛性焦虑的症状。有广泛性焦虑的孩子对各种事物都有持续不断的担忧，而且很难控制。如果孩子有广泛性焦虑，他的思绪可能会被很多事物占据，如他的学校表现、自己或他人的健康、他的社会地位、家庭收入和稳定性、时事如战争或流行病、未来他在各个领域的成就。他可能非常完美主义，总是担心一些小事情和小错误，也可能对自己和自己的表现有过于批判的看法。如果这些孩子不能确信自己会表现得非常完美，他们会尽量避免参加活动。

广泛性焦虑的孩子通常会有一些身体症状，如疼痛和胃部不适，而且他们的情绪可能易怒或脾气暴躁。广泛性焦虑也可能对孩子的注意力产生消极影响。如果孩子有广泛性焦虑，他可能会问你很多关于他担心的问题，寻求很多安慰，并且更喜欢你为他做决定。

恐惧症

恐惧症在儿童和青少年中都很常见，也是整个儿童时期最常见的心理健康问题之一。有恐惧症的孩子对特定事物或情境有强烈且夸大的恐惧，即使只是设想有可能遇到他们所害怕的事物，他们也会感到恐惧。任何事物都有可能是儿童恐惧的焦点，但常见的恐惧对象包括动物和昆虫、高处、恶劣天气、水、黑暗、电梯等狭窄空间、飞机、针头和血、医生和牙医、呕吐、小丑和装扮的角色、巨大的噪声和窒息。

如果孩子有恐惧症，他可能会非常努力避免在任何情况下与他害怕的东西接触。如果他接触到他的恐惧对象，或者他认为自己将要接触到，他可能看起来非常恐慌、心跳加速、颤抖或呕吐。他可能会因为自己不得不面对恐惧对象而生气。有恐惧症的孩子甚至会避免和恐惧对象的间接接触，比如因为对狗恐惧而拒绝看有狗出现的电影，或避免提到"狗"这个词。孩子可能会依靠你去避免恐惧对象。他可能会要求你保证他不必面对它，或者让你检查一下，确保恐惧的东西不存在。

惊恐和惊恐障碍

惊恐发作在青少年中要比在幼儿中更常见。惊恐发作是指伴随强烈的恐惧和生理唤起的短时发作，通常持续时间20分钟左右。任何焦虑问题都可能引发惊恐发作，比如有社交焦虑的孩子在公开表演前惊恐发作。但是惊恐发作也可能在没有明确的原因和触发对象的情况下没有预料地发生。如果孩子惊恐发作，他可能感到心跳加速并且颤抖，出汗，呼吸短促，胸部不适或呼吸困难，恶心，冷热交替，身体局部麻痹。孩子惊恐发作期间，可能会有非常可怕的想法，比如即将死亡或者对思想失去控制，他们会经历一种不现实的或自我脱离的感觉。

当有惊恐发作的孩子开始强烈担心其他惊恐物，并采取他们认为能帮助自己避免其他惊恐物的行动时，就会出现惊恐发作。他们可能会因为对触发惊恐的事物的恐惧而停止锻炼，可能会回避不熟悉的情况。如果孩子有惊恐发作，他可能会要求你陪他去一些地方，或带一些特定的东西如额外的水或纸袋子来呼吸。

广场恐惧症

广场恐惧症也是在青少年中比在幼儿中更加常见，当类似惊恐的症状导致儿童对各种情境感到害怕或焦虑的时候发生。有广场恐惧症的孩子担心会出现惊恐的症状，而无法轻易摆脱这种情况或得到帮助。他们还可能会担心在其他人比如同龄人和同学面前出现惊恐症状，这会让他们感到尴尬或羞耻。

有广场恐惧症的孩子可能会尽量避免去学校、乘公交车、看电影或表演，或尽量避免待在非常开放或非常狭小封闭的空间。他们可能会尽量避开人群，也可能会尽量避免独自离开家。

强迫思维和强迫行为

患有**强迫症**（OCD）的孩子经常有强迫思维和/或强迫行为。**强迫思维**是不断出现在孩子脑海里的思想、冲动或想法，它们引起孩子不适和焦虑，而孩子无法抗拒或控制它们。**强迫行为**是孩子一次又一次不断重复的仪式化行为，通常是为了避免强迫性想法或防止不好的事情发生。即使大多数患有强迫症的孩子同时有强迫思维和强迫行为，但也可能只有其中一种。强迫症的孩子知道，这些想法都来自他们的大脑。他们通常也承认，他们的强迫行为在现实中没什么实际作用，然而他们却无法停止做出这些行为。强迫症在男孩和女孩中发生的概率大致一样，但是在男孩中出现得更早，即青春期前儿童中男孩的强迫症发生率高于女孩。

强迫症儿童可能会经历对一些事物的强迫想法，如污染和清洁，怀疑做过的事情，他们担心自己会做出攻击性行为，或者自己或他人会遭到攻击，负面事件如死亡和伤害，宗教和上帝或魔鬼，储存或失去某些东西，或各种各样的性想法。性想法在青少年中比在幼儿中更常见，但也可能出现在年龄更小的、青春期前的儿童中。你的孩子可能会做各种强迫性的仪式，比如清洗和清洁，以某种方式安排事情，或者反复检查他是否做过什么，比如关灯或收拾午餐。他可能会承认这些想法或行为是不必要的，比如触摸或敲击东西，以特定方式行走移动，反复数东西，或避开特定数字。他也可能试图在身体里创造一种对称感，比如，当他把头向右转的时候，他会把头向左转以"平衡"他的身体。这些孩子看上去对是非对错过于谨慎和严格。他们也可能担心污染不是来自细菌和化学物质，而是来自其他人。例如，他们可能不敢看罪犯的画像，因为他们害怕自己也成为罪犯。

在许多情况下，强迫思维和强迫行为之间似乎有一种合乎逻辑、尽管不现实的联系。例如，痴迷于失去东西的孩子可能会反复数玩具箱里的乐高积木。然而，在其他情况下，强迫思维和强迫行为之间没有逻辑联系，例如一个孩子反复数乐高积木是因为不这么做他父母就会发生车祸这个想法。不进行强迫行为总是会导致孩子焦虑增加，而他可能觉得在短时间内都无法克制自己的强迫行为。

如果你的孩子患有强迫症，他可能会请求你帮助他完成仪式。例如，他可能会要求你倾听他的忏悔，更加频繁地洗他的衣服，把他抱到某些地方，或当你亲吻了他的左脸颊就会要求你亲吻他的右脸颊。这些孩子也可能试图让你自己完成某些仪式，比如过度洗手或重复一个特别的短语。

疾病焦虑

有**疾病焦虑**的孩子专注于生重病的可能性。相对于实际的风险，他们的关注要么是完全没必要的,要么是被严重夸大的。如果孩子有疾病焦虑,他很容易对自己的健康感到担忧,他可能会通过各种检查或看医生来反复确认自己的健康状况。另一方面,有疾病焦虑的孩子可能会因为害怕发现疾病或害怕感染而试图不去看医生或医院。如果你的孩子有疾病焦虑,他可能会问你很多关于他的健康和各种疾病的问题,或者试着让你参与这些关于疾病的研究。

回避/限制食物摄入

回避/限制食物摄入本身并不是一种焦虑障碍,但它通常与恐惧和焦虑有关。回避/限制食物摄入的孩子可能会基于感官特征避开某些食物,例如,只吃干粮,或只吃软的食物,或只吃特定颜色或特定形状的食物。或者他们会避免吃那些他们认为会对他们造成伤害的食物,如因为害怕窒息而只吃糊状食物。回避/限制食物摄入的孩子并没有试图要减肥,但他们的限制会导致体重过低、生长缓慢或能量减少。

如果你的孩子有回避/限制食物摄入障碍,他可能在社交环境中会有困难,例如,因为不能在某个地方吃东西而避免去那里玩耍。这个问题也会影响家庭生活,例如,让一个家庭难以外出就餐,或者需要在家里准备特定的食物。

焦虑可以治疗吗?

在儿童和青少年时期发生的所有情感和心理健康问题中,焦虑是最可能得到治疗的。正如第 1 章所说,正常健康的生活并不是没有焦虑的,治疗焦虑问题并不意味着你的孩子永远不会再感到焦虑。你的孩子甚至可能比其他孩子有更高的焦虑倾向。起初导致孩子出现问题的焦虑易感性可能并不会消失。但这并不意味着你的孩子永远摆脱不了严重的焦虑问题。成功治疗焦虑问题意味着，孩子的日常功能不再受到焦虑的严重影响，他们可以过上更快乐、更充实的生活。

家庭、学校、社会互动和人际关系，以及孩子的个人幸福感都会被焦虑问题影响，当孩子能克服他的焦虑问题时，所有这些生活的不同方面都可以得到改善。例如：

- 可以通过减少争吵，制订不再关注孩子的焦虑的家庭计划来改善家庭生活。
- 当孩子能更愉快地去上学，关注和参与课堂，实现发挥学习潜能的时候，孩子的学校生活会得到改善。
- 当孩子对花时间和别人在一起更感兴趣，而且在参加社交活动时变得不那么压抑时，社会互动和人际关系会得到改善。
- 通过体验更少的焦虑、更好的情绪和更健康的生活习惯，比如更好的睡眠和更健康的饮食，孩子的个人幸福感会得到提高。
- 因为焦虑减少，孩子的整体身体健康状况都可以得到改善。

临床试验，即测试各种治疗方法有效性的科学研究，已经多次表明，治疗焦虑症是有效的。大多数通过临床试验接受治疗的孩子，在治疗结束时不再有严重问题，甚至某种程度上有显著意义的改善的数据要更高。即使孩子没有通过治疗获得治愈，他仍然有焦虑问题，但问题也会明显变小。

对于已经克服了一个焦虑问题的孩子来说，在未来的某个时候不得不再次面对高度焦虑是很常见的。即使孩子的焦虑被成功处理了，焦虑也可能再回来。虽然这可能会令人沮丧，但你和孩子知道了焦虑可以成功减少，而再次应对它可能不会像第一次那么可怕。

对儿童焦虑问题的研究也表明，仅仅等待焦虑问题自己消失通常不起作用。事实上，那些有焦虑问题而得不到帮助的孩子通常会变得更糟。首先，焦虑的孩子经常避免去做那些会让他们焦虑的事。如果你的孩子就是这样，他就错失了了解他能够忍受和应对焦虑的机会，而这可能会让他保持焦虑。

其次，通过有效的治疗成功解决和降低焦虑的可能性很高，而儿童焦虑自行消失的可能性很低，当你把两者放到一起的时候，你最终就有了一个非常好的理由来尽快解决焦虑！当然，所有的孩子有时都会感到焦虑，有些害怕是正常的，在成长过程中是可以预料到的。例如：

- 在新学校的第一周表现出社交焦虑的孩子，在之后的一两周内焦虑可能会减少。
- 在一群孩子中间，年幼的孩子表现出对黑暗的恐惧显得很正常和自然。

但是大多数因为孩子焦虑而担心的父母会观察到孩子身上更长时间、更加一致的焦虑倾向。如果你意识到孩子的焦虑已经持续了很长一段时间，比如超过一两个月，那么采取措施帮助孩子减少焦虑会是明智的选择。此外，对即使是偶尔有焦虑的孩子或者焦虑问题不是那么严重的孩子，本书中的很多步骤和工具也是有用的。阅读本书，按照书中方法去做，不需要你带孩子去看医生，也不需要让他接受任何形式的治疗。学习这些工具可以帮你以支持性和富有成效的方式回应孩子的焦虑。当孩子感到焦虑的时候，制订计划和了解怎样帮助孩子，你也可以从中受益。有了这些工具和了解，能让孩子偶尔出现或轻微的焦虑不太可能发展为更加严重的焦虑问题。

专业人士如何治疗焦虑？

对儿童和青少年焦虑的治疗已经通过严格的临床试验进行了研究，已被证明是有效的。在这部分，你将了解这些疗法，以及如何使用它们来帮助你的孩子。然而，所有这些疗法的共同之处，以及它们与本书所描述的方法的不同之处在于，它们都需要孩子的参与才能有效。相比之下，贯穿本书的疗法也通过了临床试验研究，也被证明同样有效，但根本不需要孩子做任何事情。本书后面提到的每一步都只需要你，就是家长，来完成。

为什么这一点很重要？有一种方法来减少你孩子的焦虑，而不需要他积极参与这个过程，这意味着不管他想不想要你都可以帮助你的孩子！建议你继续读本章的其余部分，并尝试用所描述的工具，以及你将在本书的其余部分中学习到的工具。但如果你发现孩子不愿意和你一起完成，你可以专注于那些不需要他同意的工具。你可能会发现，随着孩子焦虑程度的下降，他可能会变得更愿意使用其他工具，但如果他仍然不愿意，这就说明了为什么能通过你自己的一套工具来治疗孩子的焦虑是如此有用。

认知行为疗法

认知行为疗法（CBT）是目前研究最多的儿童焦虑心理治疗方法。大量临床研究表明，它可以非常有效地降低许多孩子的焦虑。焦虑的认知行为疗法关注受焦虑影响的几个儿童功能性领域：

面质焦虑想法

改变焦虑想法的第一步是意识到它们。孩子可能已经习惯于思考那些焦虑的想法，以至于他甚至都没意识到"这是在焦虑"。当你发现那些让孩子感到害怕、紧张或担心的焦虑想法时，试着问一些关于它们的问题来面质它们。例如，你可以问，这种事实际发生的可能性有多大？或者如果它真的发生了，会有多糟糕？你可能会惊讶地发现，孩子的答案比你预期的要极端得多。

一旦你确定了孩子的焦虑想法，并通过问问题来帮助他面质它们，那么是时候想出一些更现实的替代想法了。和孩子一起写下替代想法和焦虑想法，并试着尽可能多地继续练习。不要期望练习这些步骤一两次会对孩子的焦虑有很大的影响。请记住，他已经练习这些焦虑的想法很长时间了！

练习暴露

很多专业人士认为，暴露于恐惧的事物和情境是 CBT 治疗焦虑最有效的因素。暴露是减少回避和培养更多的应对行为的关键。但是，暴露要求你的孩子同意参与其中，而强迫孩子违背他的意愿进行暴露并不是一个好主意。练习暴露通常从创建一个恐惧等级开始，这是一个不同情境的列表，从最容易到最难排列。一旦你创建了一个暴露层次结构，你的孩子就可以开始练习完成各个步骤了。在进行下一步骤前鼓励孩子在每个等级多次重复。

练习放松

帮助孩子学会控制他的身体，让身体放松是非常有力的减少焦虑的手段。在学习放松时最常用的两个系统是呼吸和肌肉。进行缓慢的深呼吸，哪怕只是一两分钟，也能明显降低焦虑。良好的呼吸速度是大约 5 秒的吸气和 5 秒的呼气。整个循环只需要 10 秒，这意味着只练习 10 次深呼吸就已经接近 2 分钟，这将在那一刻大大减少孩子的焦虑。

练习肌肉放松是 CBT 治疗焦虑的另一种常见身体技能。你可以教会孩子在某一时刻只关注于一组肌肉，让它们保持大约 5 秒钟的紧张，然后让肌肉放松。对大多数孩子来说，从收紧肌肉开始比直接简单的放松肌肉要更容易。

和 CBT 疗法的所有工具一样，只有孩子愿意，你才能教会放松和练习放松。有人强迫你练习放松并不是很放松！所以，如果你的孩子不愿意，这次就算了吧，下次再试。

控制感觉

如果你的孩子能够让自己感到另一种并非恐惧的强大的感觉，那么他可能会感到不那么害怕。其中一种方法是幽默。如果孩子能让自己笑起来，那么他很可能不会那么害怕了。或者，如果孩子感到害怕的时候笑很难，可能取而代之的是他会感到生气。你可以教孩子对他的焦虑生气，因为焦虑用这些恼人的想法折磨他，还对于所有可能发生的坏事情向他撒谎。一旦他开始生气，他可能就会不那么害怕。

认知行为疗法的其他资源

有几本不错的写给父母的书，你可以用来教孩子 CBT 的技能，然后一起练习。本书最后的附录 B 是一个简短列表，它推荐了一些书籍和资源，可以帮助你更多了解这些工具，或帮助你找到一个可以提供 CBT 技能的专业人员。

治疗焦虑的药物

除了认知行为疗法外，研究最多的治疗儿童焦虑的方法是使用药物。与 CBT 一样，临床试验表明，许多接受焦虑药物治疗的儿童会好转。已有证据表明，心理治疗和药物治疗相结合，要比两者单独使用的效果更好，特别是在严重焦虑的情况下。大多数专业人士认为，对多数孩子来说，好的治疗策略是从心理治疗开始的，如果心理治疗没有效果，或者孩子太焦虑以至于无法参与，就需要引入药物治疗。大多数专业人士也赞同，即使孩子发现药物治疗有效果，接受心理治疗也是个好主意，这样他或她就可以学到更多的方法和技巧来应对焦虑。

做任何开始、停止或更换药物的决定都应该咨询亲自评估过孩子的专业医生。用于治疗焦虑的药物有多种，每种药物都有许多特定的名字和品牌。很多父母发现，这些不同的药物选择令人困惑，而精神病类药物的分类方式则更令人困惑。例如，你可能会认为一组称之为"抗焦虑药物"的药物会是焦虑儿童的最佳选择。但是，实际上，这些药物很少是优先的选择，而且在治疗焦虑症的时候开一种"抗抑郁药"更为常见。如果孩子的医生开了抗抑郁药，并不是因为开处方的人不了解孩子的问题，而是因为这些药在广泛用来治疗焦虑之前先被用于治疗抑郁症。即使在抗抑郁药物中，也有多种药物。在决定使用任何药物之前，咨询焦虑药物治疗专家是很重要的。

大多数时候，治疗焦虑的药物不会引起严重的副作用，而且儿童也能适用。然而，如果你的孩子正在服用药物并且抱怨有副作用，或者如果你注意到一些相关的事情，请立即联系你的处方医生，解释你的孩子正在经历什么。开处方的人会知道是否需要改变剂量或药物。

健康的习惯

最后，在进行本书的重点——减少儿童焦虑的方法之前，而这种方法完全围绕你对你自己行为的改变，值得考虑一下孩子的日常生活习惯是否能帮助他，或帮助维持了他的焦虑。健康的饮食、高质量的睡眠和体育锻炼可以帮助降低焦虑，而不健康的习惯会导致更高水平的焦虑。

你的孩子饮食规律并富有营养吗？孩子会摄入大量咖啡因吗？咖啡因是咖啡、茶、可乐饮料和巧克力所含有的一种兴奋物质，它会让孩子不那么放松，会令孩子更烦躁、紧张或焦虑。它还会妨碍孩子入睡和休息。尽量限制或完全避免你的孩子摄入咖啡因。为孩子选择不含咖啡因的饮料，限制吃巧克力，尤其是在睡觉时间。

如果你的孩子晚上熬夜到很晚，这可能也无益于他的焦虑。当然，可能让孩子晚上睡不着觉的就是焦虑，但要尽可能地帮助孩子睡个好觉。白天打盹儿会对夜间睡眠造成严重破坏，所以如果你的孩子晚上睡不着，请尽量阻止他白天打盹儿。

最后，鼓励孩子在白天多做一些活动！任何形式的简单锻炼对降低焦虑都非常有用，除此之外对其他健康状况也有积极影响。孩子应该每周做几次某种形式的运动。你可以提出一起快走或跑步，或者考虑让孩子参加一项他喜欢的运动。

本章你学到了：

- 儿童和青少年焦虑的主要类型
- 焦虑是否可以治疗
- 专业人士怎样治疗焦虑

第3章
孩子的焦虑占据了你的家庭吗？

父母会"导致"孩子的焦虑问题吗？

童年时期的焦虑不仅仅是孩子的问题，也是孩子和父母的问题。我这么说，并不是说父母是孩子焦虑的原因。孩子有情绪或行为问题，父母经常发现自己被指责是问题的根源。有时这是明确和直接地说的，而其他时候是暗示或间接地说。你可能在老师或治疗师的问题中听到过，也可能从其他父母的眼神中看到过。你甚至可能读过一些科学文章和研究论文，这些报告将一些父母特征与孩子的问题联系起来。但是，无论是明确的还是暗示的，这种指控几乎总是错误的。你，父母，是导致孩子情绪和行为问题的原因这个想法，很大程度上源于四点：（1）对人类发展的不确定假设，（2）过时的心理学理论，（3）对父母行为与儿童精神障碍之间联系的研究的误解，以及（4）对家庭成员相互作用的错误解释：

1. 假设在人类发展中，孩子出生就像一张"白纸"，他们的特征包括好的方面和有问题的方面，都来自他们在所谓的生命形成时期的经历，忽略了婴儿从出生起就已经存在的巨大差异。婴儿并不完全一样。他们有不同的性格和特征、不足和优势，以及倾向。这些先天差异受每个孩子基因组成的影响，是后来人格形成的基石。然而，如果相信"白纸"说，那么我们也会很自然地认为，在孩子的早期经历中父母的教养占据如此大的比重，那么教养应该为孩子可能遇到的任何问题负责。

2. 父母要对孩子童年时期的问题负责（甚至是对晚年出现的问题负责），这个观点是 20 世纪一些最有影响力的心理学理论的核心。精神病学家、心理学家和其他心理健康专业人员已经塑造了人们对自身和对生活的理解。心理健康领域基本上告诉公众，父母（特别是母亲）是所有心理健康问题的根本原因。举几个例子，饮食失调、精神分裂症、自闭症被归因于有问题的养育，尽管没有真正的证据支持这些说法，也没有相当多的证据支持相反的说法。这就难怪这么多人认为焦虑症也一定是由父母引起的。

3. 确实，有研究支持父母特征和孩子的问题直接有联系。在儿童焦虑症领域，很多研究都集中在父母的行为（如过度保护和批评）和父母自身的焦虑水平上。高度焦虑的孩子，往往他们的父母也自称有焦虑问题或被诊断为焦虑症。相比其他父母，有焦虑症病史的父母更可能至少有一个孩子出现焦虑症状。那这就意味着父母的焦虑引起了孩子的焦虑吗？不是！这意味着这两件事之间存在着统计学上的联系。因为两件事在统计上有联系，就认为一个导致了另一个是常见的错误。然而，有很多原因可以解释为什么两件事可能同时发生，但不是一个导致了另一个发生。通常还有第三个因素，一些不一定已知的事情，可能是造成这两件事的原因。例如，父母和孩子可能有类似程度的焦虑，是因为遗传因素或环境因素，比如贫困，可能导致了父母和孩子的焦虑。

4. 最后一点进一步排除了将孩子的焦虑问题归咎于父母的任何合理依据。在大多数情况下，有高度焦虑孩子的父母也有其他不焦虑的孩子。如果父母的教养方式是导致孩子出现焦虑问题的主要因素，那么其他孩子应该也会有焦虑问题。当然，父母对不同孩子的行为确实不同，可能他们对某一个孩子更加保护或更加批判，但如果父母是孩子产生焦虑的原因，我们仍然认为兄弟姐妹之间焦虑水平的相似程度要高得多。事实上，当父母对某个孩子的行为与对其他孩子不同时，往往是由于孩子的不同，导致了父母的教养方式的不同。就像父母影响了孩子的焦虑，孩子塑造父母的行为同样合理的。

孩子的焦虑是如何影响你和你的家庭的？

既然摒弃父母是童年时期焦虑问题的原因这个想法，我希望你们已经摒弃了，那么说童年时期的焦虑是孩子和父母的问题意味着什么呢？很简单，这意味着孩子的焦虑问题很可能会对作为父母的你和其他家庭成员产生影响。当然，孩子的许多其他特征也会在某种程度上影响你和你的家庭。例如：

- 如果孩子总是被学校驱逐，父母可能会因为不得不接孩子或待在家里陪孩子而失去工作。
- 患有身体疾病的孩子可能需要昂贵的特殊医疗设备，或者他可能需要调整家庭生活。
- 如果你的孩子喜欢棒球，你可能会给他注册一支球队，买设备，全家人可能会计划周末让每个人都参加比赛。

当然，这对儿童焦虑也是如此，但当谈到焦虑如何影响父母和家庭时，焦虑是"尤其特别的"。

如果你的孩子非常焦虑，这很可能会对你和你的家庭产生深远而广泛的影响。你可能会发现，孩子的焦虑似乎占据了你的生活，导致你去做一些你通常不会做的事情，或者导致你停止做一些你通常会做的事情。你可能会意识到，你的时间，无论是休闲还是在工作中，都被孩子的焦虑所消耗。你的个人空间可能会大大减少，以至于减少到你似乎没有自己的空间。你甚至会觉得孩子的焦虑程度是会"传染的"，让你感到更加焦虑。你甚至可能觉得自己像一块"海绵"，吸收了孩子所有的焦虑。

儿童焦虑对你作为父母有如此大的影响，要比其他问题影响大得多，是因为当你的孩子感到焦虑时，他可能会寻求你的帮助，希望你能帮他感觉更好一点。例如：

- 如果你的孩子很担心，他可能会希望你向他保证事情会好起来。这是很自然的事情，也可以预料到的。但这意味着你可能会发现自己迅速成为一个"首席保证者"，总是期望有办法让孩子感觉好一些，总是能提供安慰。
- 如果你的孩子害怕孤独，他可能想靠近你，这样他会感到更安全、更受到保护。这也是很自然的，但很快就会变成你不得不大部分时间都离孩子很近，因为他感到害怕，或你担心如果你不在附近，他会感到害怕。
- 如果你的孩子有社交焦虑，很难自己开口表达，他可能会依靠你来帮他应对社交场合，或者替他说话。你会觉得自己变成了孩子的传声筒，负责向世界传达孩子的想法或愿望。
- 如果你的孩子过于担心他的成绩，对作业中的小错误容易感到不安，你可能会发现自己多次为他检查作业，以至于你开始感觉这真的是你的作业而不是他的作业。

你可能还会意识到，有些事情你已经不再做了，因为你知道做这些事情会让孩子变得焦虑或害怕。例如：

- 如果你的孩子对新闻中的时事和坏事过于焦虑，他在身边的时候你可能就不再看报纸了，或者当孩子在家的时候你可能会确保不要在电视上看到新闻。
- 如果你知道你的孩子对昆虫过于恐惧，你可能会停止计划外出野餐，因为在那里他可能会遇到毛毛虫或蜜蜂。
- 也许你已经不再邀请朋友来家里了，因为你知道你的孩子在遇到直系亲属以外的人时会感到不安。
- 许多有焦虑孩子的父母也意识到，他们已经放弃了很多事情如晚上外出，因为这不值得让孩子感到焦虑。

这些只是几个例子，说明孩子的焦虑会以不同方式影响你作为父母和影响整个家庭。在这本书的后面，你将学会自己识别这些变化，你将了解到改变这些行为的方法对于帮助你的孩子变得不那么焦虑是多么重要。但是为什么焦虑的孩子会如此依赖父母呢？为什么几乎所有焦虑儿童的父母都表示至少他们的生活发生了一些改变？原因与我们这个物种的焦虑的本质有关。

为什么孩子在焦虑的时候会依赖父母
[提示：这是我们的天性]

大多数有高度焦虑孩子的父母表示，孩子的焦虑对父母自己的生活产生了一定的影响，很多人甚至觉得孩子的焦虑已经完全占据了父母的生活。就其本质而言，儿童往往会让父母卷入他们的焦虑症状中。作为一个焦虑孩子的父母，你也很自然地倾向于介入并卷入这些焦虑症状。这种模式几乎在有焦虑儿童的家庭中普遍可见，它与包括人类在内的哺乳动物的焦虑的运作方式有关。

像许多其他物种一样，无论是哺乳动物还是非哺乳动物，人类儿童出生时是毫无防备的。一个完全孤立的婴儿无法存活，当然，婴儿存活下来的原因是他们不是自己照顾自己。他们有父母和其他看护人，这些人养育他们，保护他们，直到他们足够成熟，能够承担维持自己生存的责任。

当婴儿或年幼的孩子感到威胁或害怕时，他的自然反应是寻求照顾者的帮助。换句话说，年幼的人类对恐惧的自然反应是一种社会反应，包括向他们的照顾者发出信号，以便照顾者可以代表婴儿采取行动。同样地，一旦危险过去，婴儿也不是很擅长让自己平静下来，只有当看护者通过抱着、摇晃或其他安抚行为使他们平静下来时，他们才会停止哭泣。当孩子感到担心、害怕或有压力时，他自然而然会向你寻求保护和安慰，这本质上是由他的大脑决定的。我们过去都曾是婴儿，婴儿通过依赖照顾者来保护和监管直到成年，我们继承了在童年时期依赖照顾者来做这些事情的自然倾向。

我们大多数人曾经也是孩子，如果我们有危险，我们的父母也曾意识到和敏感注意到，然后采取行动保护我们，这种倾向作为父母也根植在我们的大脑中。当我们的孩子感到焦虑时，我们的天性会注意他，并激励我们来帮助他，直到威胁过去，然后安慰他，直到他重新平静下来。忽视孩子的焦虑违背了我们的本能和倾向，就像孩子感到焦虑却不让父母知道一样违背了孩子的本能。

这一切对儿童时期的焦虑问题意味着什么呢？如果你的孩子正在经历高度焦虑，即使他没有处于任何危险之中，即使他的焦虑是错误的，他也很可能会向你——他的父母发出这种焦虑的信号。也有可能，作为父母，你会采取行动来帮助孩子保持安全和冷静。即使你知道孩子的焦虑是不现实的，而且他实际上非常安全，你仍然会感到有动力去促使你帮助他感到安全。回想一下之前讨论过，人类对想象威胁做出反应的特殊能力，就像我们对真实威胁的反应一样。即使没有实际的危险，我们也完全有可能会感到恐惧或焦虑。当孩子害怕的时候，无论是因为真实的还是不真实的威胁，他都会做出同样的反应——向你，他的父母发出信号，他处于危险之中，并依靠你让受到威胁的感觉消失。

作为孩子的父母，尤其是年幼的孩子，你拥有一种"超能力"，那就是通过和孩子待在一起，以一种平和的语调和他交流，可以让你的孩子感到安全。这是一种惊人的力量，可以让父母充满无与伦比的满足感。但是当你的孩子感到焦虑，不断依赖你的"超能力"来让自己感觉好点的时候，你会开始感觉它更像是一种负担，而不是天赋。当这种情况发生时，可能是时候开始关注长期而不是短期问题来稍微改变一下游戏规则了。帮助你的孩子减少整体焦虑变得更重要，而不是帮助他当下不感到焦虑。本书中描述的是实现长期目标的方法。有时，这意味着放弃帮助孩子减少当下的焦虑这个短期目标，接受他现在会感到焦虑的事实。但是，参与这个方法的结果会是，孩子整体上减少焦虑，从而为你的孩子和你自己带来更好的生活。

本章你学到了：

- 是不是父母导致了孩子的焦虑问题
- 孩子的焦虑如何影响你和你的家庭
- 为什么孩子在感到焦虑时会依赖他们的父母

# 第 4 章
养育焦虑孩子时的常见陷阱

保护型和要求型

　　成为父母意味着要面临无穷无尽的挑战和陷阱,从如何帮助孩子解决问题这个大课题,到我们每天做的许多小小决定,甚至是和孩子交流时的用词。孩子的焦虑会使所有这些情况变得更加复杂和困难,而这些挑战的最好应对做法是什么也没有明显的答案。

　　焦虑孩子的父母经常讲述他们孩子的焦虑造成的困境和陷阱,在本章中,我描述了其中一些困境以及避免它们的方法。重要的是,我并不是说你作为父母做出的决定或错误是导致孩子感到焦虑的原因。本章涵盖了当孩子焦虑时可能发生的一些困境,无论是什么导致了焦虑问题,当你的孩子感到焦虑时,你如何应对以及你持有的态度都很重要。

　　这些困境和陷阱可以大致分为"保护型"和"要求型",这是关于信念和行为的分类,每一种还可以用许多不同的方式表达。当你读到本章时,试着想想哪些想法或行为似乎是在描述你的情况。当你注意到其中一个听起来和你的所处情况比较像时,把它写下来。然后试着从你的生活中找出一两个例子来说明它们是怎么与你有关的。你可以使用本书末尾的附录 A 工作表 2(育儿陷阱)来做一些笔记,后面可以用作参考。

第一种是**保护型**，包括以保护孩子免受伤害、远离痛苦为目的的信念和行为。当然，保护是很重要的，如果你认为保护孩子免受伤害是做父母的天职，我非常同意这个观点！如果孩子确实有危险，那么理所当然保护他们是你作为父母重要的甚至是最重要的职能。然而，如果孩子没有危险，那么这种保护是没有必要甚至是不对的。焦虑儿童的父母往往意识到，在孩子不需要保护的时候，他们已经不假思索成了保护者。将大量时间专注于保护孩子上，可能会阻碍其他重要事情，这种情况之下，保护不仅是没有必要的，它实际上还会成为阻碍。如你所见，当危险并不存在的时候，扮演孩子的保护者角色会向孩子传递他需要被保护的信号，让孩子感到缺乏安全感，感到更加脆弱。

第二种是**要求型**。要求型是指你期望孩子不要感到焦虑，或者表现得好像不焦虑，尽管孩子正处于非常真实的焦虑之中。和保护孩子一样，要求孩子在养育孩子中也有重要作用。如果我们对孩子不提任何要求，孩子怎么会习得行为，怎么能够完成那些需要努力和毅力才能完成的事情？但是，正如保护一样，要求有时候可能是错误的、无效的。如果你要求孩子不要去感受他正在经历的感觉，这种要求不太可能真正改变他的感觉。如果你要求孩子表现得不焦虑，而不承认这样做实际上有多难，这个要求也不太可能实现。仅仅因为某件事情不会引起你作为父母的焦虑，并不代表会减少它对孩子造成的焦虑。

要求还有一个重要的局限，这个局限会使得它在处理儿童焦虑时几乎完全没有作用。当我们要求某件事时，我们是在要求别人去做。要求没有得到满足时，我们通常会变得沮丧或者愤怒，因为我们会由于要求无法强制执行或者缺乏执行力而感到无助。这可能会导致冲突和敌对。本书提出的方法不需要你对孩子提出任何要求，当然，这只限于你所采取的帮助孩子减少焦虑的步骤。那些与孩子生活和社会功能有关的要求还是要继续。但如果是为了帮助孩子减少焦虑，你就没有必要向他提出任何其他要求了。所以，按照本书所描述的方法步骤去操作，应该不会导致你沮丧或者愤怒。实际操作时有些步骤会让孩子对你感到不安，但只是暂时现象，会消失的。与此同时，你要保持冷静，不要因为没有要求孩子做任何事情感到生气。

你是保护型父母吗？

如果孩子非常焦虑，你可能会觉得必须要保护他免受他所担心的伤害。例如，如果孩子认为由于有尴尬或受到羞辱的风险所以社交是危险的，那么你可能会采取行动保护他免受社交场合的伤害。如果孩子非常担心考试，害怕自己考不好，你可能会试着让他做好考试准备或者确保他有额外的时间去应对考试，这样他就能得到最好的成绩。记住，如果这些例子引起了你的共鸣，请使用工作表 2（育儿陷阱）把它们记下来。

另一种保护型甚至更常见，但你试图保护孩子不受焦虑本身以及焦虑引起的不良情绪影响时，这种情况就会发生。想要保护孩子免受焦虑困扰是世界上最自然的事。毕竟，哪有父母会希望自己孩子感到焦虑，或者遭受任何形式的痛苦呢？你可能很清楚，焦虑对孩子来说是非常不舒服的，自然而然你会想尽办法帮助孩子摆脱这种不适。两种保护，不管是保护孩子远离他们所恐惧的伤害，还是来自焦虑和痛苦的伤害，都是父母对孩子焦虑的自然反应。但是，它们也可能是绊倒父母和孩子的陷阱。

当你试图保护孩子免受他所害怕的东西伤害时，你的行为似乎与孩子的想法和信念很一致。但在这其中就有一个陷阱。如果孩子的担心是错误的，如果你希望将来有一天他能意识到这一点，并不再害怕这些事情，那么与这些恐惧相适应的反应也将是错误的。还记得焦虑的孩子在判断各种事件的发生概率时有多难吗？还记得他是如何倾向于为负面事件高赋值，使这些事件看起来比实际情况更可怕吗？反思一下，通过你的保护孩子得到了什么。以社交场合焦虑为例，因为社交事件可能会以尴尬结束，焦虑的孩子可能会认为负面事件比实际上更有可能发生。他会把可能感受到的尴尬看作是一场毁灭性的灾难，而不是一种暂时的不愉快。如果你作为父母，采取行动保护孩子避开这些社交场合的影响，那么这难道不意味着你也看到了负面的结果？否则，你为什么要阻止这种可能性呢？这不是也证实了在社交场合感到尴尬是一件可怕的事情？否则，为什么你要确保你的孩子不会承担这个风险呢？对于那些由于害怕不参加考试的孩子来说也是如此。如果作为父母，你花了很多额外的时间和孩子一起学习复习所有的学习资料，这难道不表明了你也认为成绩不好是一场灾难吗？你可能确实认为，负面事件（如感到尴尬、考试失分）实际上不是一定的结果，或者就算发生了也没什么大不了的，但即使你这样跟孩子说，你的保护行为却传达了相反的意思。

假设你的孩子刚刚被诊断出患有慢性疾病，比如哮喘或糖尿病。这对整个家庭来说都是一个新情况，每个人都会习惯这个病不会很快消失的想法。你想怎么让你的孩子明白得了这个病他接下来会如何呢？如果你能告诉他一件他会相信的事，那会是什么事呢？很有可能，你告诉孩子病会好的，是的，也许会很有挑战性，但他可以战胜它，尽管很难他也能过好自己的生活。你总不会告诉他相反的意思！你绝对不会让孩子坐下来，告诉他："你一定是得了糖尿病，太遗憾了！你肯定不能应付这种事情。"当然你永远不会说这种话！你会想让孩子知道他能应付它，知道他足够坚强，即使这很困难，也会好的。这难道不也是你想对一个充满焦虑的孩子说的话吗？这很难，但你足够坚强，可以应对焦虑，一切会好的！

试图保护孩子不受焦虑和痛苦的影响也是合情合理的，但这种保护可能会强化孩子的焦虑信念。再举一个例子，有个孩子总是担心自己会患上严重疾病。作为父母，你能明白这个想法对孩子来说是多么的麻烦，即使你知道他很健康，而且患上严重疾病的可能性非常低。你可能想帮助孩子停止那些令人焦虑和担心的想法，这样他就能感觉好些，不那么担心。你可能会一再向他保证他不会生病，也许还会向他保证他很好。或许你会花时间和他一起研究各种疾病，希望他能被这些信息说服，不再担心。或许你甚至会带他去看医生，保证他很好。这些行为都不是为了保护你的孩子不生病，而是为了帮助孩子不感到那么担心和焦虑。但这也是一个陷阱。所有这些行为都暗示了你的孩子感到焦虑是一件非常不好的事情，以至于即使花很大代价也要去避免它。下次当孩子又有一个担心的想法时，他可能会认为这个想法也必须除掉，他别无选择只能向你寻求更多的保证，如此循环往复。

  安娜很害怕她的房子会有人闯入。她躺在床上，脑子里充斥着一个戴着面具的黑衣人的身影笼罩在她床上的画面。她会在房间周围东西的阴影中看到盗贼的身影，在老房子的吱吱声中听到他的声音。有时安娜会在半夜醒来，躺在床上，因为恐惧发抖很长一段时间，直到她又睡着。有一次，她甚至做了一个盗贼绑架她的噩梦，醒来时，她对此深信不疑。

  安娜的父亲布赖森决定他必须要做点什么。他出去给前门买了一把新锁——他能找到的最好的、最大的锁。他装好锁给安娜看，让她看到房子被保护起来了。"看，安娜，"他说，"爸爸不会让你发生任何事的！"当天晚上，安娜又从一场房子有盗贼的噩梦中醒来。她的母亲试图安慰她，但安娜哭个不停，花了很长时间才冷静下来。她告诉妈妈："连爸爸都认为盗贼来了。他有一把大锁，可以让他们进不来！"

以下描述是不是听起来和你很像？

- 焦虑是有害的，会让孩子受到伤害留下阴影。
- 作为父母，你的任务是让你的孩子生活得尽可能舒适。
- 你想帮助孩子一直感觉良好。
- 比起其他孩子，你的孩子更脆弱。
- 因为焦虑，你希望人们能温和对待你的孩子。
- 你试图消灭孩子成长道路上的障碍和挑战。
- 你的孩子无法承受压力。
- 你的孩子需要更温柔的对待。

如果这些陈述（或类似陈述）中有些听起来像你的观点，那么把它们写在工作表2（育儿陷阱）上，还有你生活中的一两个例子。

　　上述陈述是典型的保护型父母。其中隐藏着一些潜在的信念，它们会阻碍你帮助孩子减少焦虑。例如，陈述"焦虑是有害的"和"焦虑是害人的"就很棘手。我们知道，暴露在极度的焦虑中，比如带来很大创伤的事件，确实是有害的。创伤后应激是真实存在的，它可以对生活造成高度的破坏，并可能导致长期的伤害。但是创伤后应激并不会因为孩子日常生活中的正常事件产生。这些正常的事件可能也会导致焦虑，但这种焦虑实际上并不危险。如果你认为任何焦虑都是有害的，那么自然而然你会试图帮助孩子避免感到焦虑。但是，你知道，这是不可能的。因为孩子有时会感到焦虑，他会因为相信自己有能力应对焦虑而受益，而不是总是要避免焦虑。想象一下，如果你知道有一件可怕的事情会给你造成伤害和痛苦，又没有办法避免它，那你的感觉会有多糟糕。如果你的孩子知道日常的焦虑并不危险，事实上，当他必须面对的时候，他是可以应付的，这样你的孩子感觉会好得多。

另一种想法，类似于"焦虑是有害的，必须避免"的想法，体现在"我的任务是让我的孩子生活得尽可能舒适"这句话中。当然，大多数父母都希望他们的孩子过得舒适，但这真的是父母最重要的工作吗？为孩子在这个世界上生活做准备也意味着帮助他变得足够坚强来应对生活中不太舒服的一面。你希望自己的生活总是轻松的吗？你希望自己总是感到舒服吗？可能不会。如果这样期望，你可能会在很多时候因为自己并不总是感到放松和舒适这个现实而沮丧。如果你能够应对自己生活中的挑战，这可能是因为你可以接受有些时候的不舒服，并能泰然处之。焦虑的孩子也可以学会从容应对事物，甚至是他们自己的焦虑。我最近听到的一句明智的话说得好："可以认为，我们作为父母的职责不是为了减少孩子必须经历的痛苦，而是为了帮助他们学会如何减少痛苦。"

教会孩子不要害怕焦虑，从容去应对是你给焦虑的孩子最棒的礼物之一。说起来令人遗憾，但一个今天高度焦虑的孩子很可能在他一生的大部分时间里都会经历高于平均水平的焦虑。这并不意味着他患有焦虑症或终身都如此焦虑。然而，这确实意味着焦虑很可能是他生活中持续存在或反复出现的一个方面，这就使得他有能力应对焦虑变得尤为重要。

上面列出的其他陈述也反映了类似的信念，这些信念听起来有道理，但实际上是父母应对儿童焦虑的陷阱。你把"消除孩子道路上的障碍和挑战"或确保世界"对孩子好点"当作自己的职责，因为孩子"更脆弱"或"不能处理压力"，都有可能反映了孩子很脆弱的形象，无法在没有你的情况下应对挑战。这些想法会把你变成进入孩子生活雷区的扫雷艇。你可能想尽可能多地清除孩子成长道路上的障碍，但他可能会感觉到，世界上真的满是地雷，而自己无法清除它们。

你还需要着重考虑试图清除孩子身边的地雷所带来的另一个风险。因为你无法控制世界上大部分地方，你保护孩子的能力很大程度上局限于家里发生的事情。在家里，你可以尽量避免引发孩子的焦虑，但门外的世界不可能像你一样体贴。因此，你的孩子可能只有在家里才会感到安全，很多焦虑的孩子会越来越避免接触外面的世界。当父母们努力创造一个庇护孩子，不会引起孩子焦虑的环境时，整个世界可能会看起来越来越可怕。现实生活中的关系可能被虚拟的、线上的"友谊"所取代，而不需要应对真实的人际互动；上学似乎越来越困难，可能会被家庭教育所取代；即使是简单地离开家里，孩子也会开始觉得这是一项艰巨的任务。最严重的情况下，结果是自我隔离和完全缺乏户外功能。即使你的孩子还没有显示出这些迹象，保护性"扫雷"也会增加孩子未来被隔离的风险。

你是要求型父母吗？

如前所述，第二类会困扰高度焦虑孩子的父母的育儿陷阱，是要求你的孩子不要感到焦虑，或者要求孩子表现得好像他不感到焦虑。通过本书中的步骤将会创造出这样的情况，即孩子将被要求应对他的焦虑，但改变你的行为与要求孩子改变他的行为是非常不同的。如第 2 章所述，对焦虑症的治疗往往集中在改变孩子的行为上。但这种治疗取决于孩子是否选择参与治疗，而不取决于父母强迫孩子改变。当父母期望他们的孩子在没有必要的动机和意愿的情况下进行这些改变时，这就是父母在提要求。

格兰特今年 6 岁，害怕水。他不会去游泳池或海滩，当他的家人和朋友们在湖边聚会时，他拒绝上任何船只，也拒绝在水附近散步。相反地，他一个下午的大部分时间都会在车里，拒绝下车，他的父母只好轮流和他一起待在那里照看他。

某个夏天,他的母亲卡门受够了,认为是时候克服这个问题了。从营地接了格兰特后,她直接开车去了当地的游泳池。当格兰特意识到他们不是回家,问他们要去哪里时,卡门说:"到那里你就知道了。"当他们把车停在游泳池附近时,格兰特意识到他们要去哪里,他变得非常难受。他拒绝下车,在妈妈设法把他带进了游泳池后,即使有坚定的指示和承诺了奖励,他还是拒绝换上妈妈给他带来的泳衣。争论了几分钟后,他的母亲说:"好吧!你只要坐在那儿,看着我!"她换上泳衣,跳入水中。卡门游了几圈后出来,然后回到格兰特身边。"看,什么事也没有!"她说,"看看你的周围。这里每个人都在水里游泳和玩耍。没有人害怕,大家都玩得很开心。你只需要克服这些,也这样做就好了。"

格兰特没有回答,避开了她的目光,坚决地盯着地面。卡门感到沮丧,开始感到恼火。"格兰特,我在和你说话,看着我!"当男孩抬起头来时,她继续说,"你听到我说的话了吗?你必须这样做,不要再像个婴儿了。如果你不试着开始游泳,你就会永远害怕水。你想这样吗?在这里,你可以从进儿童泳池开始。看在上帝的分上,水还没有到你的腰。你不会害怕没到你膝盖的水!你认为会发生什么事呢?会淹死在齐膝深的水里而我就在你旁边看着吗?!"

格兰特哭了,仍然不肯让步。卡门注意到其他父母已经开始观察她和儿子的互动,她觉得太不舒服,不能继续下去了,她抱起格兰特,沮丧地离开了游泳池。

卡门对她儿子的沮丧和愤怒是可以理解的。孩子的恐惧显然被夸大了,这不仅干扰了他自己的生活,也干扰了整个家庭。这甚至扰乱了社交聚会,就像他的父母在拜访朋友的时候不得不和他一起坐在车里一样。卡门也明白格兰特的回避会让他对水的恐惧一直持续下去，只要他继续逃避与水接触，他就不太可能克服对水的恐惧。这位母亲认为这已经够了，是时候让孩子一劳永逸地克服这个问题了。她试图打破阻碍，让格兰特克服他的恐惧，但最终结果却是让两个人都更沮丧、更失望。格兰特现在可能更不愿意接近水了，而卡门可能也不会急于再尝试一次。她想要帮助格兰特的愿望让她采取了一种苛刻的行动方式，最终产生了相反的效果。

以下描述的想法是不是听起来和你的看法很像？

- 她只需要控制一下。
- 他只是在寻求关注。
- 这个世界不允许胆小鬼存在。
- 不要再像个宝宝了！
- 看着我；看，我不害怕！
- 搞砸了！
- 就这样去做吧。
- 你为什么要小题大做？
- 不能让恐惧控制我们。
- 没有人会这样做。
- 为什么她不能像她姐姐呢？

如果这些陈述（或类似陈述）中有些听起来像你的看法，那么把它们写在工作表2上，还有你生活中的一两个例子。

要求孩子感觉改变

当卡门对格兰特说："你不会害怕没到你膝盖的水。"她可能说的不是字面上的意思。当然，你也有可能害怕及膝高的水，就像人们有可能害怕其他任何事情一样——即使是那些根本不存在的东西。卡门真正的意思可能是"害怕膝盖高的水没有意义"，或者"没有必要害怕它"，或者"天哪，我希望你不要再怕水了"。但卡门实际上对孩子说的是，她认为儿子不可能感受到他的这种感觉。有没有人告诉过你你的感觉和你实际会感觉到的不一样？这不是一个愉快的经历，几乎没有人会认同！事实上，当有人试图告诉我们我们的感受时，这种体验是侵略性的，我们通常会挖个洞，来捍卫自己感受的完整性。告诉格兰特，他并不感到害怕，即使这并不是卡门的目的，但这可能会让他更加坚定，更加封闭。

即使格兰特知道妈妈的意思是他不应该感到害怕，并且相信他确实害怕，这种经历仍然是不愉快的。格兰特无法简单地选择不同的感觉，所以告诉他他应该有不同的感觉，本质上是在告诉他，他的感觉不好。像"应该"这样的词并不适用于感情和想法之类的事情。说某人应该有什么样的感觉而事实上他没有是毫无意义的。所有这些只会让那个人为自己没有应有的感受而感到内疚羞愧，或者因为自己的感受而被拒绝。

要求孩子有不同的感觉，这可能是以微妙和极端的方式发生的。举一个微妙要求的例子，当孩子说"这太可怕了"，而父母回答说"不，这不可怕"。父母并不是想告诉孩子要有不同的感觉，而是通过坚持说有些事情并不可怕，在告诉孩子他的感觉是错的。更准确、要求更低的说法是，"这对我来说并不可怕"或者"这并不危险"。事情仍然很可怕但可以是安全的，所以说事情不危险和要求孩子有不同的感觉不一样，它只是提供了更客观的信息。说"这对我来说并不可怕"也是承认父母和孩子是不同的人，他们可以有不同的感觉。

当父母变得愤怒沮丧，或者认为可以通过让孩子对这种恐惧感到糟糕或尴尬来激励孩子时，就会出现要求孩子有不同的感觉这种更极端的形式。在前面的例子中，我们注意到，随着卡门对格兰特越来越不满，她对他说的话变得越来越严厉和苛刻。首先，她让格兰特看看四周所有不害怕的孩子，他知道了这件事，可能感到羞愧。然后她让格兰特"不要再像个婴儿了"，最后，随着她的耐心耗尽，她通过问孩子是否真的认为他会"淹死在齐膝深的水里"来嘲笑他的恐惧。卡门并不是想对格兰特说话刻薄或充满敌意。她只是觉得无法帮助孩子克服他的恐惧，失望于她最后的尝试失败了，因为孩子似乎不再愿意与她合作了。

要求孩子行为改变

另一种要求是，父母要求他们的孩子表现得好像不害怕，即使孩子确实害怕。当卡门告诉格兰特，"你必须这样做，不要再像个婴儿了"，她是在要求他当场克服恐惧，应对一些对他来说仍然可怕的事情。她给了格兰特一个似乎不可能的选择：他可以下水，即使他非常害怕，感觉无法这样做，或者他可以违背他的母亲，让她对自己生气和难过。难怪格兰特会试图通过避免她的目光和盯着地板不回答问题来完全逃避这种选择。面对母亲如此要求，完全退出互动交流是他唯一能做的事。

但如果他试一试，他会觉得没事的

这可能是真的！孩子在经过很多鼓励之后第一次尝试他所害怕的新事物，然后马上想再做一次（一次又一次……）是一件很常见的事情。作为父母，你可能会觉得，只要孩子尝试了一次，克服了那种恐惧一次，他就会意识到自己不再害怕了。这个信念真的会让你拼命让孩子去尝试！相信解决问题的办法如此之近，只要你能让孩子面对他的恐惧一次，就能让你非常非常努力地迫使他去做了。但有一件事你应该知道。孩子一旦尝试过一些事情就意识到自己不害怕，再也没有问题，这是正常的恐惧，而不是长期持续的焦虑。害怕坐过山车的孩子被说服坐上过山车后很可能会下车，直接跑回排队处再去坐。但是，一个患有严重恐高症的孩子，如果被说服坐上过山车，他就不太可能这么做了。

重要的是，这不仅在于孩子是否对乘坐过山车的结果感到满意，还在于一开始你是否能说服他好好继续。有焦虑问题的孩子不太可能被这种无视他们感受的要求鼓舞，也不太可能被这些要求所左右。无视孩子的恐惧给孩子施加压力，很可能会让他埋头拒绝，坚持说自己做不到。如果你承认他在这件事上有选择，并承认这对他来说很困难，那么焦虑的孩子就更有可能愿意尝试一些新的东西。

你是超人——但我不是！

另一种要求孩子改变感觉的方式是试图向他展示他应该有的感受。例如，当你作为父母说，"看着我。看，我不怕"就是在暗示"你也不应该害怕"。卡门让格兰特待在他的座位上，看着她，她游了几圈然后回来对他说："看，什么事也没有！"问题是，虽然你的孩子可能佩服你不害怕，但这并不意味着他不害怕！事实上，许多焦虑的孩子确实钦佩他们的父母，因为父母显然不像他们一样恐惧。但就像有孩子对我说的那样，"我爸爸是超人——但并不意味着我会飞！"知道父母是超人并不会让孩子更接近能飞。相比之下，这个孩子可能会感到钦佩，也可能会感到渺小和脆弱，但无论如何，他还是和以前一样成不了超人。告诉你的孩子，你也像他一样感到害怕，你不是超人，你也要应对同样的挑战，这样更有可能帮助孩子相信他也能应对。从孩子的角度来看：

如果我的父母不是超人，而且像我一样会害怕有压力，但他们能够克服它们，那么，家里没有超人可能不是那么酷，但这却意味着我可以像我的父母一样应对。这也意味着父母能更好地理解我和我的感受。

本章你学到了：

- 应对儿童焦虑的保护型和要求型陷阱
- 你是否是一个保护型家长
- 你是否是一个要求型家长

第 5 章
家庭顺应

吉尔今年 12 岁，经常担心她父母其中一个会生重病。她每天都会问父母的健康状况很多次。去年，吉尔的父亲开玩笑提出要在她面前做 30 个仰卧起坐，以"证明"他的心脏有多强壮，表明他身体健康。从那天起，吉尔就一直恳求他每天"做仰卧起坐"，如果他拒绝就会哭。现在吉尔开始让她妈妈也做仰卧起坐了！

马利克已经 10 岁了，他不敢一个人在床上睡觉。他说，他有时会听到声音，担心房子里可能会有小偷。马利克希望他的母亲基娅拉能陪他睡，但基娅拉有很多家务要做。基娅拉试着在马利克的房间里放一个白噪声机，这样他晚上就不会听到噪声了。现在马利克变成担心他的母亲会离开家，而他听不到她的声音。所以每天晚上马利克都躺在床上，他的母亲会故意在厨房里制造很多噪声，敲打锅和盘子，让他听到她的声音，知道她在那里。不幸的是，基娅拉发出的所有噪声实际上却让马利克无法入睡。

菲奥娜今年 9 岁，自从她看了一部 9·11 恐怖袭击后双子塔倒塌的电影，她就一直非常焦虑。最初的几个晚上，她不断做噩梦，担心塔会落在她或她的家人身上。她的父母一开始认为这是一种正常的反应，试图安抚她。然而，当有一天他们把车停在一座高楼附近的时候菲奥娜崩溃了，他们意识到问题的严重性。菲奥娜哭着大发脾气，直到他们同意把车移到远离大楼的地方。从那以后，菲奥娜一直拒绝坐车,除非她的父母承诺不开车或者不把车停在塔附近,塔现在指任何高大的建筑,包括建筑物、烟囱和手机信号发射塔。菲奥娜的父母在地图上标出家附近的塔,以确保开车时避开它们。

在前几章中,我们可以看到孩子感到焦虑时是如何自然地依赖父母的帮助的,本章中,我们将从你作为父母的角度来讨论孩子的焦虑。毕竟,不仅是孩子希望父母能帮他们感觉好一点。你也有强烈的愿望去帮助你的孩子。作为一个有焦虑问题孩子的父母,你可能已经对自己的行为做了很多改变。例如:

- 你发现自己总是不断地回答孩子的问题或不停地安慰孩子。
- 孩子的焦虑导致了家庭睡眠安排和夜间习惯的改变。
- 你会避免去那些你知道会引发孩子焦虑的地方。
- 你会直接回答孩子问题,因为你知道和别人说话会让他感到不舒服。

如果你已经做出了这样的改变,不要担心——你不是孤身一人!

我们询问了数百名焦虑儿童的父母,问他们孩子的焦虑是否导致了他们自己行为的改变,有 97% 的人描述了这些改变。不断给予孩子反复的安慰是父母报告最多的行为改变。世界各地的许多其他研究表明,来自各行各业的父母,甚至来自不同国家不同文化的父母,都报告了有一个焦虑的孩子会导致他们自己的行为发生类似的变化。

什么是家庭顺应?

家庭顺应是心理学家用来描述父母改变自己的行为以帮助孩子避免或减轻焦虑情绪。表 5.1 描述了一些常见的家庭顺应形式,以及它们是如何与儿童的焦虑问题和症状之间联系的。

表 5.1　家庭顺应的常见形式

儿童焦虑问题	表　现	家　庭　顺　应
社交焦虑	有客人来拜访的时候孩子感到不舒服	孩子在家时,父母就不再邀请客人来
	当服务员问孩子想点什么晚餐时,他移开目光,没有回答	父母总是为孩子点菜,并回答服务员提的任何问题
广泛性焦虑	孩子担心妈妈会出车祸	妈妈反复发誓开车时会小心,上班时会给孩子发短信
	孩子担心家庭作业没做好	爸爸每天都会检查一下家庭作业,然后和孩子一起复习好几遍
	孩子担心自己会生重病	父母反复向孩子解释他很健康,并回答许多关于健康和疾病的问题
强迫症	孩子害怕被细菌感染	妈妈只会使用新的、未开封的食品,比如番茄酱或酸奶,而且会扔掉任何剩菜
	孩子对数字 3 异常执着	如果孩子在房间里,父母会开灯或关灯三次
	孩子总是担心自己做了什么不好的事,会受到惩罚	妈妈或爸爸每天都会听孩子"忏悔",并保证他没有犯错或犯罪
分离焦虑	孩子害怕在生日聚会、游戏或运动会上独自待着	父母会和孩子待在一起,直到结束后离开
	孩子害怕晚上独自待在床上	妈妈或爸爸会躺在孩子旁边,直到他睡着,或者把孩子带到父母床上睡觉
	孩子看不到母亲就会崩溃	妈妈就是在上厕所时也开着门
	孩子晚上不敢和保姆待在一起	父母不会在晚上一起出门
呕吐恐惧症	孩子害怕会晕车	家人开车的时间不会超过 45 分钟
	孩子害怕生病和呕吐	如果前一天班上有人生病了,父母就让孩子待在家里不上学
昆虫恐惧症	孩子春天或夏天害怕待在外面	家人会避免所有的野餐或户外旅行
	孩子害怕家里有昆虫	父母每天晚上睡觉前花 30 分钟和孩子一起找昆虫
角色恐惧症	孩子害怕提到穿特定服装的人	父母避免提及穿这些服装的人,也避免所有对这些人的讨论

参与和变更

家庭顺应可以采取无限多样的形式，但将这些形式分为两个主要类别可能有助于我们理解：(1) 参与焦虑驱动的行为和 (2) 变更家庭习惯和日程安排。

参与焦虑驱动行为

参与焦虑驱动行为指为了避免或减少孩子焦虑而积极参与的一种行为。睡在孩子旁边是参与顺应的一个例子。反复回答同样的问题也是一个例子。这些积极参与的顺应行为可能每天需要占据父母大量的时间，也可能会付出很大代价。一个有强迫症孩子的母亲买了大量的卫生纸，因为她的孩子总感觉不够干净，以至于她每个月在卫生纸上要花将近100美元！她还不得不付钱给水管工，每年做两次疏通管道。再举一个例子，害怕生病的孩子总是避免吃所有的剩菜，以及一周内会过期的食物，导致他的父母扔掉仍然完好的食物，去附近买新的食物。

就顺应花费的时间而言，代价也同样高。一个高中生的父亲说，他每天早上都要在儿子的教室外站上几个小时，因为除非这个父亲答应留下来，否则孩子就不敢进教室。一位母亲在每个工作日要多次接电话，向孩子保证她会准时回家，因为顺应，她感觉自己再也不能胜任自己的工作了。

变更家庭习惯和日程安排

变更家庭习惯和日程安排是指你因为孩子的焦虑而改变日常生活

模式。例子有许多，比如因为社交活动会让孩子感到焦虑而不再邀请客人上门，或者下班早点回家，或者比上班时间晚上班。当孩子害怕水或飞行时，不去度假是另一种变更顺应。通常这些变更顺应持续了很长时间，以至于看起来很正常。一位母亲经常拒绝工作中的晋升，因为她知道如果她不得不出差，孩子会很难过。

变更顺应会影响整个家庭，而不仅仅是父母。为了顺应孩子的焦虑，孩子的兄弟姐妹可能会改变自己的需求或计划并因此受到影响。认识到家庭顺应对兄弟姐妹的影响是很重要的，我们将在本章的最后更彻底地讨论这个问题。在这一章中，你还将了解到随着时间的推移，顺应实际上是如何没有效果的，它只会保持而不是减少孩子的焦虑。

你在顺应吗？

也许吧！但没关系。正如我之前提到的，几乎所有有焦虑孩子的父母都会发现他们在顺应孩子的焦虑。重要的是，你要了解自己的顺应状况，这样你就可以计划去改变什么以及如何去做。

你可以先问自己一些简单的问题，然后在本书最后的附录 A 工作表 3（你和你孩子的焦虑）中写下答案：

- 你有多少时间被孩子的焦虑占据了？
- 比起他/她的兄弟姐妹，你为这个孩子做了什么不同的事情？
- 如果你的孩子不焦虑或不害怕，你会做什么不同的事情呢？

这些问题可以帮助你了解你一直在做的家庭顺应。如果你和伴侣住在一起，一起谈论这个问题就更好了。你们相互可以指出对方没有意识到的顺应。但不要批评！这不是要让我们互相指责。这是一个让你反思孩子的焦虑是如何影响你的机会，以及反思你们每个人为帮助孩子不再感到害怕所做的努力。和值得信赖的朋友及亲戚讨论这个问题也会很有帮助。同样，重点是要领悟和获得知识，而不是批评指责。

本书后面，你将学习如何识别、记录和监控各种形式的家庭顺应。你将学习如何减少一些顺应，来帮助你的孩子变得更坚强，减少孩子的焦虑。现在，只要花点时间来反思和关注一下。不要改变任何东西。减少顺应很重要，但最好是有计划、以经过深思熟虑的方式进行。关注日常生活中你是如何顺应的可以帮助你选择最好的顺应重点，做出最好的计划，以有效和支持性的方式改变你的行为。

你以为你在帮助孩子——这不是你的责任吗？

奥利维亚，一个13岁女孩的母亲说：

当我女儿被诊断出患有严重的食物过敏时，医生告诉我我们作为家人必须要做出的所有改变。某些食物对她来说是多么的危险，我们应该计划创造一个安全和健康的环境，以避开她的"过敏原食物"。当她变得焦虑不安时，我想我们应该同样如此。确保我们让她远离"过敏原"，安排好我们的生活以免激起她的焦虑。这有什么区别？

帮助孩子应对困难是父母最重要的任务之一。从你第一次抱着婴儿打针，到让孩子晚上睡觉，让他早上上学，养育孩子往往要做出艰难的选择。为孩子的焦虑提供太多的顺应就像告诉他们不需要打针一样——这能让他们现在感觉更好，但从长远来看，会使他们面临更大的风险。

问问你自己：对于一个容易焦虑的孩子来说，**最重要的**是什么？我相信答案是，孩子**能够应对**焦虑，并且知道有时候感到焦虑是可以的。毕竟，如果你的孩子在生活中可能会经历很多焦虑（目前研究表明，过度焦虑的孩子可能在他的一生中会经历更高水平的焦虑），那么你最不愿发生的事就是他无法自己应对！我们希望孩子相信他们能够应对焦虑，并掌握最有效地应对焦虑的方法。像这样反思焦虑清楚地表明，对于焦虑孩子的父母来说，一个重要的工作就是向孩子灌输他们能够应对焦虑的信念。看看下面一个 8 岁男孩的父亲给我讲的故事：

> 一切要从大约六个月前说起。当时我们全家在纽约旅行，在市中心的一家小餐厅吃午饭。我们离开之前瑞奇要上厕所。他去了洗手间，我们在付钱。当我们付完钱准备离开的时候，瑞奇还没有回来。我去找他，从门外叫他。瑞奇还在里面，听起来很紧张。他一直想开门，但一直不能打开把手。我打开门，看到他在哭。我告诉他没关系，我们不会丢下他离开，他也没有危险，但他仍然很沮丧。我们试着和他谈谈，解释说他实际上没有被困住，当然，我们会把他救出来。我们问他是否愿意继续旅行，瑞奇只是耸了耸肩。他似乎已经对这次旅行没了兴趣，所以我们决定缩短旅行时间，早点回家。下一次我们去餐馆时，瑞奇让我和他一起上厕所。这是一个单独卫生间，但他想让我和他一起进去，我不想让他害怕，所以我进去了。从那以后，他的恐惧就加剧了。他害怕去学校的洗手间，如果一定要去，他想要有人能站在外面。每当我们想出去吃饭，他就会很有压力，所以我们减少了很多外出用餐。我们寻求帮助，因为现在瑞奇开始说他无法独

自在家上厕所了。他说他不能独自完成，他需要我们；他说即使在里面出了意外，没有我们他也不会出去。我们一直在和他沟通，但情况似乎越来越荒唐。在我们的帮助下，他似乎感到更害怕了。

瑞奇有过一次不愉快的经历（被困在餐厅的厕所里），他的沮丧是可以理解的，并且他的父母尽了最大的努力让他安心。现在，瑞奇开始专注于避免未来发生类似的不愉快经历。他生动回忆起这件事，并决定不要再有那种感觉。像大多数孩子一样，瑞奇依靠他的父母来确保这不会再发生，但每次他和爸爸或妈妈一起上厕所，他认为自己无法独自应对的信念都会得到强化。他没有机会知道他能应对了。就好像他的父母在对他说："你不能处理那些有压力的事情；你需要我们帮你处理它。"与大多数孩子和成年人一样，他正在经历关于焦虑的一个让人讽刺的情况：你越努力避免焦虑，你就会越感到焦虑。为了帮助瑞奇，他的父母必须把精力从帮助他在厕所里不感到害怕上转移开，而是专注于教会他，即使他真的害怕，他也会没事的。这不是仅仅用语言就能教会的课，但当父母不再家庭顺应时，这会非常有帮助。

好的顺应和不好的顺应

顺应（accommodation）这个词根据上下文有不同的含义，在很多情况下，它描述的是一些非常积极的东西。例如，学校向有特殊需要的儿童提供顺应，以帮助他们实现潜能。写作迟缓的孩子可以有额外的时间参加笔试，这是一个很重要和积极的顺应。这个词在英语中的另一个用法是用来描述一个人容易相处，与固执或自私相反。

为什么顺应焦虑会有所不同？为什么我把顺应形容为一个问题或一些需要减少的东西呢？说到焦虑，并不是所有的顺应都是消极的或没有帮助的。有些顺应可以帮助孩子克服他们的焦虑。在某些情况下，顺应可以充当脚手架，支持孩子帮助他们变得更强壮、更独立。然而，在很多其他情况下，顺应实际上与我们的目的相反，会使焦虑更加严重。就像上面的例子里瑞奇的父母一样，你可能会感到沮丧，因为尽管你顺应了但孩子似乎越来越焦虑，而不是变得不那么焦虑。弄清楚哪些顺应是有用的，哪些是没用的是帮助孩子减少焦虑重要的一步，解决这个问题的最好办法是问自己以下问题：

- 这种顺应方式能帮助你的孩子逐渐应对更多状况吗？
- 还是让孩子逃避的东西越来越多？
- 相对于孩子之前的应对方式而言，这是一种进步还是一种倒退？

当顺应是朝着增加应对能力的方向发展时，它是有用的。例如，当孩子因为焦虑问题而不能上学时，让他在父母其中之一的陪同下去上学可能是一种有效的顺应方式。这将是循序渐进的一步，顺应可以随着应对能力的增强而取消。当顺应意味着帮助孩子避开更多、应对更少时，顺应是没用的。如果你的孩子一直能独自上学，尽管有一些困难，那么有一天你决定陪他去上学可能是一种没用的顺应方式。

换句话说，当顺应能让孩子意识到他能够应对焦虑感受这件事时，它是有帮助的。当你的孩子更加相信他无法应对焦虑，并且一定要避免可能引发焦虑的情境时，顺应是没有帮助的。

表 5.2 中的例子，说明了一些应对焦虑儿童的有用和没用的顺应方式。

表 5.2　有用的和无用的顺应案例

情　境	有用的顺应	无用的顺应
每天上班时孩子都给你打电话	你答应孩子每天给他打一次电话确认一下	每当孩子打电话和你说话时,你都会回答,直到他感到安全为止
孩子害怕玩棒球会搞砸而不想去练习	你答应和教练谈谈,向他解释孩子的恐惧	你鼓励孩子待在家里,这样他就不会感到难过
孩子害怕独自洗澡,希望他洗澡时你在浴室里陪她	你同意和她一起去浴室,然后让她每天在浴室多待一会儿	只要孩子洗澡,你就待在浴室陪她
孩子害怕独自睡在床上,每天晚上都会来你床上	你把孩子放回床上陪他一会儿,直到他放松下来睡着	你把孩子放在自己的床上睡,这样他就不用晚上起来了

不去顺应太难了!

确实!顺应很难,但不顺应可能会更难。有很多原因导致不顺应孩子看起来更加艰难。接下来让我们看看哪些会使取消顺应成为一个艰难的选择,即使你意识到顺应没有帮助。

你不愿看到你的孩子如此难过

这是世界上最自然而然的感受。实际上,被孩子的痛苦驱使是我们的本能。看到你的孩子哭得喘不过气来,或者恳求你的帮助,会给你带来作为父母的巨大情感负担,让不顺应变得残忍和无情。你的孩子可能也意识到了他的情感表达的力量，结果他可能会表现出更为夸张的痛苦。不要认为这是你的孩子在试图操纵你。准确地说这是一种简单的学习和强化：你的孩子需要你顺应的时候会感觉非常有力量，任何可以让顺应更可能发生的事情自然会得到强化。如果你过去曾试图不去顺应，但在孩子非常沮丧后屈服了，那么这种行为几乎会不可避免地重复发生，甚至未来会变得更糟。

这并不意味着孩子没有顺应就不能学会应对。然而，这确实意味着，为了实现这个目标，你需要让自己忍受一些艰难的时刻。把忍受痛苦当作你教给孩子的重要一课。就好像你说，"这让我很不舒服，但我能够应付，因为我知道我必须应付"——这正是你想要你的孩子能够如此说起自己的焦虑：它让我不舒服但我可以忍受，因为我知道我必须忍受。

你没有时间不顺应；你还有其他事情要处理

这不像前面的例子那样是情感上的挑战，但它同样普遍，同样有据。我们每天都有很多事情要处理和完成，通常情况下，拒绝顺应你的孩子会使其他事情更难完成。正如一位母亲描述的那样：

> 科特尼讨厌一个人上楼。一开始只是在晚上天黑之后，但最近是任何时候都不敢。如果她需要上楼拿东西，她会让我们中的一个和她一起去，或者至少她一个兄弟陪她去。今天早上我们正急着去学校，突然发现科特尼把背包放在楼上了。我让她去拿，但我当然知道她会说什么。当她坚持让我和她一起去时，我知道我要做选择：我和她一起去拿背包，或者我花半个小时和她争论，之后她可能会独自去拿背包，但她和她的兄弟上学肯定会迟到，我上班也会迟到。所以我和她一起去了。

作为焦虑孩子的父母，你可能也经历过类似的困境。你可以拒绝顺应，一切事情都会停滞，或者你可以继续顺应暂时度过这一刻，即使你知道顺应最终没有任何帮助。如果你和科特尼的妈妈做出了同样的选择，不要责怪自己。记住，几乎所有的父母都会在某些时刻顺应他们焦虑的孩子，而维持家庭运转是造成这种情况的关键原因。

这就是为什么重要的是不要试图同时去除所有的顺应。做好计划，为挑战做准备，提供必要的支持来应对它们，然后始终坚持你的计划，这些都是克服困难的关键。本书将帮助你制订这个计划，并提出一些对父母有效的解决方案。可能一开始你会选择只关注放学后的顺应。或者在一两周的规划后，你会发现有更合适的地方可以开始。现在，放松一下，记住，没有人能每次都做出完美的选择。

当你不顺应时，你的孩子会生气，甚至会变得有攻击性

很多人认为焦虑的孩子是温顺的，总是顺从别人。事实远非如此。有焦虑或强迫症的孩子可以和其他孩子一样激进，有了适当的动机后，他们会竭尽全力去达到他们想要的目的。没有什么比需要确保父母的顺应更能激励一个焦虑的孩子了。例如，在一项对强迫症治疗专家的调查中，我们发现75％的专家认为他们的年幼患者在要求顺应方面是有强制性的和强迫性的。他们经常报告有身体暴力、言语攻击、破坏性行为和其他形式的破坏性行为。最好不要把这看作是糟糕的行为，它并不代表孩子的消极性格特征。如果孩子在你不顺应的时候变得咄咄逼人，这可能意味着他认为没有顺应自己就无法应付。这也可能表明，这些行为在过去已经成功地让你顺应了。因为焦虑儿童的父母经常报告破坏性行为，所以第12章涵盖了在顺应减少时应该

如何应对攻击性行为。

不顺应只会让焦虑变得更糟

这里我们需要再次关注稍微长一点的时间。不是真正的长时间，只是稍微长一点的时间。确实，如果你不顺应，你的孩子很可能会看起来更焦虑。但如果你能坚持下去，他很可能会在短时间内就开始感到不那么焦虑了。对孩子来说，最难的是要接受你实际上不会顺应的想法。他最初的很多反应都是由于他相信他仍然能让你顺应。一旦你的孩子知道你不会顺应，他就会开始意识到他要自己独自应付了。这个时候你可能会看到他的焦虑减少，对顺应的要求也会减少。

你的孩子会怎么看你？你不在乎吗？

你的孩子认识你已经很久了。如果你正在读这本书，那么你一定很爱你的孩子，希望他能感觉更好一些。而你的孩子也知道这一点。某些时候我们不会根据我们有没有得到我们想要的东西来判断父母对我们的爱。你的孩子可能会指责你不爱他，任何一个父母听到这个都会很难受。但是，说"你不爱我"和感受不到爱是不一样的。记住，孩子们感受不到爱是因为他们得到了想要的东西，他们感到被爱是因为他们得到了需要的东西（不一定是每次，只要足够频繁即可）。

帮助孩子理解你的行为和你正在做的改变，是其中一个重要方面。你不需要孩子赞同你的行为，但你可以采取措施让孩子知道你的行为是出于爱，无论他是否赞同，因为你在下定决心帮助他。

第 7 章描述了你可以采取的措施，甚至在你开始取消顺应之前，可以表达你对孩子的支持，为你将来采取的步骤奠定基础。

顺应和兄弟姐妹

父母并不是一个家庭里唯二受到高度焦虑的孩子的影响的人。所有的家庭成员，包括孩子的兄弟姐妹，都有可能不同程度受到影响。有时对兄弟姐妹的影响很重要很明显，有时可能会更微妙些，但可以肯定的是，孩子的焦虑至少对你的家庭其他成员有一些影响。

孩子的焦虑影响兄弟姐妹方式之一是，通过让你投入时间和资源来帮助焦虑的孩子，让你没有精力关注其他孩子。不要对此感到内疚羞愧！作为一个有问题孩子的父母，意味着你不可避免要投入额外的时间和资源来解决这个问题。无论是花时间、金钱、精力还是注意力，你的资源都是有限的。一天中只有这么多的时间，我们必须对时间精打细算，就像我们对收入精打细算一样。患有慢性或严重身体疾病的孩子的父母往往不得不投入大量的资源来帮助孩子康复，有心理和情绪问题的孩子的父母也是如此。

甚至你花在阅读这本书上的时间（以及买这本书的成本）都是你花在帮助焦虑孩子身上的资源，而不是用这些资源帮助另一个孩子做家庭作业。好消息是，当你努力读这本书时，你很可能会减少为孩子的焦虑所花费的总时间。家庭顺应通常是应对孩子焦虑最费时间的事情。一旦你学会减少顺应，你会发现自己有更多时间来满足其他需求，包括照顾焦虑孩子的兄弟姐妹和你自己。

无论焦虑孩子的兄弟姐妹是否也有焦虑水平的升高，他们通常被引导以各种方式顺应焦虑的兄弟姐妹。某些情况下，这些是兄弟姐妹愿意提供的顺应，甚至他们可能都没有意识到自己是在顺应兄弟姐妹的焦虑。例如，

> 克洛伊已经 8 岁了，她害怕一个人去洗澡。每当要洗澡的时

候,她就会问妹妹梅根:"你想听故事吗?"梅根很喜欢克洛伊的故事,她总是愿意坐在浴缸旁边的凳子上,听克洛伊讲故事。

克洛伊的焦虑影响了她的妹妹,但梅根并不认为这种行为是焦虑的表现,她对结果感到很满意(获得了姐姐更多的关注)。在其他情况中,顺应的兄弟姐妹更能意识到兄弟姐妹的害怕担心,但可能仍然愿意顺应他来帮助他感觉好一些,或者也可能只是不介意顺应。

然而,随着时间的推移,当顺应一个兄弟姐妹会导致痛苦,或导致愤怒、尴尬、怨恨时,事情可能会变得艰难,例如:

- 全家人经常不得不避免社交活动,
- 不得不在电影中途离场,
- 不能邀请客人来家里,
- 由于孩子的焦虑,父母不能出席他的兄弟姐妹的运动会,
- 关于顺应的争论似乎总是破坏本应该有趣的事情。

焦虑的孩子如果违背兄弟姐妹的意愿,强行加给他们顺应,可能尤其成为问题。焦虑的儿童和青少年往往会采取激进甚至是胁迫的手段,来确保他们的焦虑不会被触发。

乔斯今年12岁,他非常担心细菌造成的感染。他的孪生妹妹林迪已经习惯了乔斯的恐惧,她尽量不做任何会触发他担心的事。她小心翼翼地让自己的东西远离乔斯的东西,耐心地回答他关于她是否已经洗手、是否感到恶心之类的问题。但吃饭的时间几乎是不可能这样的。如果餐桌上有人打喷嚏或咳嗽,乔斯就会生气,经常对着"始作俑者"大声喊叫,让对方停止传播让他生病的细菌。林迪试图在餐桌上尽量坐得离乔斯远远的,但也没能

完全逃脱他的愤怒。乔斯似乎每周都会想出一个新规定，无论林迪怎样努力避免，她似乎总是会让乔斯生气。有一天，当乔斯看到她在晚餐时打哈欠，他怒气冲冲，叫她的名字，告诉她让她肮脏的嘴远离其他所有人。林迪受够了。她也发脾气对他大喊道："我打哈欠是因为我累了！我受够你了！你和你那些疯狂的规定。你以为你是谁？为什么我们大家要听你的话？"林迪还对着父母大喊："你们为什么不管管他？！这里只有他一个人重要吗？！"

在这个例子中，父母面临着一个困难的、但不少见的困境。他们意识到乔斯的行为是由于他的强迫症，而不仅仅是不愉快或专横跋扈。他们敏锐地意识到，乔斯对自己及家人强加了更严格的卫生规则，而他自己正是强迫症的"头号受害者"。他们还知道，乔斯对林迪的要求是不公平的，这个问题造成的冲突对家庭氛围产生了非常负面的影响。

在本书中，你将主要关注你自己的顺应，而较少关注其他孩子可能提供的顺应。主要原因有两个：

1. 正如前面所提到的，本书旨在帮助你改变一个你最能控制之人的行为，那个人就是你。就像你不能为焦虑的孩子制订一个计划，让他停止焦虑或停止要求顺应，因为你不能控制他的感受和行为，你也不能制订一个依靠控制其他孩子行为的计划。即使你制订了这样的计划，也不能保证你的孩子会遵循它，或者坚持下去，或者按照你的意愿做。

2. 当父母试图干预以改变一个包容的兄弟姐妹的行为时，结果往往会适得其反。你试图改善两个（甚至更多）孩子之间的关系，很有可能会让他们产生更多争论。或者他们可能并不欣赏你的干预，反而会更加紧密地维持顺应。即使在最好的情况下，塑造兄弟姐妹关系也是一件困难的事情，如果你专注于自己的行为，你很可能会在减少孩子焦虑方面取得更好的结果。

你不必那么做！

那么，父母能给那些积极照顾焦虑孩子的兄弟姐妹传递什么信息呢？我建议让你的孩子们知道他们没有义务去顺应。与其禁止顺应（除非明显不合适）或试图强制要求不顺应，不如让你其他的孩子知道，你看到了发生什么，你想让他们知道顺应这个兄弟姐妹不是他们的工作。如果你允许孩子可以不顺应，他们可能仍然会选择继续这种行为，但他们会知道他们得到了你的支持，很可能不会感到那么沮丧或怨恨。如果你的孩子愿意顺应，因为他们知道自己的兄弟姐妹很焦虑，而且他们还在试图帮助你，你可以明确地承认这一点，并且赞扬他们的体贴和理解。即使顺应最终没有帮助，这仍然是他们值得注意和令人钦佩的地方。你可能希望你的孩子们都彼此友好、相互体贴，而有必要的是在强调他们的体贴的同时，让他们知道他们不需要继续下去。

当你努力减少你自己对焦虑孩子的顺应时，其他孩子能够看到你所做的改变，这可以帮助他们对他们自己的顺应做出一些改变。他们会明白，你是通过帮助焦虑孩子更好地应对没有顺应的生活来帮助他的，而他们也会做出同样的选择。

如果你焦虑的孩子强加顺应于他的兄弟姐妹身上，采取行动防止使用不适当的胁迫是明智的，不适当的胁迫包括过度纠缠、言语攻击还有武力。这样做之后，可以让你不焦虑的孩子知道他们不被期望或不被要求顺应，然后把注意力集中在你的行为上。一旦你按照本书的其余部分实践，成功地减轻了孩子的焦虑，他对兄弟姐妹顺应的需求很可能就不再是问题了。

本章你学到了：

- 什么是家庭顺应
- 怎样判断你是否在顺应
- 为什么父母会顺应
- 好的顺应和不好的顺应
- 为什么不顺应很难
- 来自兄弟姐妹的顺应

第 6 章
编制顺应地图

现在你已经了解了顺应的概念，以及从长远来看顺应对焦虑儿童是如何起不到帮助的。你知道，顺应会维持孩子的焦虑，随着时间的推移，孩子越来越难以面对自己的恐惧。你可能也会越来越善于注意到你所提供的顺应。因为顺应对你的孩子没有帮助，会给你和其他家庭成员带来沉重的负担，所以有必要减少顺应。减少顺应是本书描述的方法中的一个重要部分。但在我们开始减少家庭顺应之前，有两件非常重要的事情要做：

1. 首先，你需要详细了解你目前在提供的顺应。即使你已经确定了其中的大部分，很可能还有其他你没有想到的。本章将帮助你创建一个详细的"顺应地图"，以尽可能多地包含你和你的家人提供的顺应。当你继续浏览本书时，你会更新这张地图，添加任何你想到的额外顺应。
2. 第二件事是，在开始减少顺应之前，在你的孩子感到焦虑时要有另一种反应备选。削减顺应可能是一件相当困难的事情，但如果你没有做好计划来替代顺应则会困难得多。家庭顺应的另一种选择是**支持**，在第七章中，你将了解到对儿童焦虑的支持性反应是什么，以及如何支持自己的孩子。

一旦你创建了一个详细的家庭顺应地图,并学会了用支持性反应来替代顺应,你就准备好了着手减少顺应的工作——你的孩子可能很快就会不那么焦虑了。

你可能想知道,为什么有一张详细的家庭顺应地图如此重要。毕竟,如果你已经知道了一些顺应,为什么不专注于这些顺应,并在其他顺应变得更加明显时再处理那些呢?这是一个好问题,答案是,大多数父母提供了许多不同形式的顺应,而选择首先关注哪一种形式是很重要的。这个选择很关键,像大多数决定一样,如果你有尽可能多的信息,就更容易做出最好的决定。有些顺应比其他顺应更适合专门应对,在第 8 章你将得到选择首先减少哪个顺应的建议。但是尽可能多地了解你所做的各种顺应,将意味着你有最多的选择,也会让你更有可能选择最好率先减少的顺应。

制作顺应地图

在进一步讨论之前,请看本书末尾附录 A 中的工作表 4(顺应清单)。你可以在工作表的空白处写下你已经意识到的顺应。花几分钟时间思考一下你的日常生活,写下你能想到的尽可能多的顺应。如果你不确定某些事是不是顺应,问自己以下问题:

- 我做这件事是因为我孩子的焦虑吗?
- 如果我不这样做,我的孩子会变得更焦虑吗?
- 我为其他孩子做过同样的事吗,或者我愿意为其他孩子做同样的事吗?
- 我有没有觉得好像除了这样做我别无选择?
- 大多数人会为他们这个年龄的孩子这样做吗?

- 我尝试过停止这样做吗？

如果你的行为是由孩子的焦虑引起的，你不这样做，他会变得更加焦虑，那么这很可能是一种顺应。同样地，如果你觉得你别无选择只能去做，或者你过去试图停止去做，但因为孩子焦虑而继续的，也可能是一种顺应。另一方面，如果你为你其他不那么焦虑的孩子做同样的事情，或者如果这是大多数人会为这个年龄的孩子做的事情，那么它可能不是一个顺应。然而，如果你还不确定，那就把它写下来，不要担心。它可能不会成为你首要关注的事情，但把它和其他顺应一起写下来也无妨。

现在你已经写下了最容易想到的顺应，是时候开始弄清楚你可能还提供了哪些顺应了。要做到这一点，请使用工作表 5（顺应地图），这个工作表也在本书结尾的附录 A 中。工作表 5 可以帮助你回顾一整天的事情，从你早上起床到你晚上入睡前做的最后一件事。回顾一下你最近的生活，想想一天中的每一部分。问问自己，你在那个时候是否因为孩子的焦虑而做了什么不同的事情。如果你想到任何可能是顺应的东西，就把它写下来。这个工作表还允许你列入家里其他人在提供的顺应。可能是你的伴侣，孩子的兄弟姐妹，或者你孩子生活中的其他人，比如亲戚、老师、教练，甚至是孩子的朋友。亲戚、朋友和兄弟姐妹提供顺应并不少见，我希望你尽可能多地写下顺应，而不管是由谁提供的顺应。表 6.1 显示了 9 岁女孩蕾吉的父母为她完成的顺应地图样本。

当你仔细回想一天的生活时，试着想象通常会发生的各种情况。例如，当你想到早上，想想孩子上学之前你在家里的位置。你在厨房里吗？也许你经常待在孩子的卧室里？或者你已经去上班了根本不在家。问问你自己，在每个时间段你都在做什么。是在和孩子互动吗？是帮他做什么任务还是其他？是在打电话还是忙于工作？试着想想，

表 6.1 顺应地图样本——以 9 岁女孩蕾吉为例

一天中的时间	发生了什么？都有谁参与？	频率
早晨 (起床、穿衣服、吃早餐、上学)	例如，妈妈提供的早餐有特别的菜	每天一次
	蕾吉选衣服、穿衣服的时候，父母和她一起上楼并待着	每天
	妈妈开车送蕾吉去学校；妈妈等社工带蕾吉去上课	每天
	父母回答蕾吉有关搭便车的让她担忧的问题	每天
下午 (午餐、接送、家庭作业、课外活动、社交活动)	妈妈接蕾吉放学；一定要确保接课时车子排在第一位	每天
	蕾吉踢足球时妈妈总是目不转睛	每周两次
晚上 (晚餐、家庭时间、睡前活动)	妈妈总是告诉蕾吉自己在哪个房间里	每天很多次
	父母总是等蕾吉玩好，然后才能上楼让凯斯准备睡觉	每天晚上
睡觉时间 (准备睡觉、洗澡、上床睡觉)	蕾吉洗澡的时候，妈妈或爸爸需要待在浴室里（有时是凯斯待在浴室里）	每天晚上
	爸爸或妈妈陪蕾吉躺在床上，直到她睡着	每天晚上
夜间	如果蕾吉醒来跑到父母床上，爸爸会去蕾吉床上睡	每周 2~3 次
	父母的卧室门整晚都开着	每天晚上
周末	父母要确保他们中的一个总是和蕾吉在一起（不能两人一起出去或者把她留给保姆）	每个周末（全天）

如果你的孩子不那么焦虑，哪些事情可能会有所不同。你会做什么不同的事情吗？你会完全待在另一个地方吗？你会专注于你自己的目标和任务，而不是关注你的孩子吗？你因为孩子焦虑而做的每一件不同的事都是另一种可能的顺应。确保工作表 4 中包含你已经提到的顺应，以便工作表 5 尽可能完整。

记住，顺应不一定是你因为孩子的焦虑而积极做的事情。有时候我们通过不做我们本来会做的事情来顺应。如果你因为孩子的焦虑而不做某些事，这些顺应也要写下来。例如，如果孩子在家时，你尽量不和伴侣讨论财务问题，因为这会让孩子感到压力或焦虑，你可以写下这个顺应。

你的孩子并不是一定焦虑到需要你提供顺应，明白这一点很重要。许多顺应都是预防性的，这意味着父母已经习惯了提供顺应，不然他们的孩子会变得焦虑。他们不需要等到孩子真的焦虑了急需顺应，他们可以通过顺应提前预防焦虑。当然，这些顺应实际上并不能防止焦虑，孩子总体上很可能会保持焦虑。写下你因为孩子的焦虑而做的所有事情，不管他现在是否焦虑。即使你的孩子没有要求顺应，你会这样做是因为你知道他会很焦虑，这仍然是一种顺应。

最后，请记住，顺应是很正常的，每一个有焦虑孩子的父母都可能提供顺应。你不是在"承认"顺应好像是一种罪恶。顺应是你发现用来帮助孩子和其他家庭成员顺利度过一天的工具。你把它们写下来，这样你就能选择一个焦点，并获得尽可能多的信息，而不是因为顺应是你做过的"糟糕"的事情。这也适用于其他人提供的顺应。你的任务不是"抓住"他们顺应，他们也不会因为顺应而"内疚"。你只是在收集那些有助于帮助孩子变得不那么焦虑的数据。

当你回顾了你的一天，从早到晚，再练习一次，这一次想想周末，而不是典型的工作日和上学日。周末和上学日不同。你可能在周末花更多（或更少）的时间和孩子在一起。你可能在和她做不同的事情。你可能会在周末去不同的地方，或者和不同的人在一起。试着以同样的方式回顾周末，写下尽可能多的顺应。

完成顺应地图的下一步（你快要完成了！）是检查一下你在工作表上注明的每一个顺应，并写下它发生的频率。有些顺应经常发生，甚至每天都会发生很多次。例如，如果你的孩子担心，每天给你发多次短信，然后你也回复安慰的短信，这可能是一个非常频繁的顺应。无论是因为孩子不经常焦虑，还是因为引发焦虑的情况更少发生，其他的顺应频率要低得多。例如，如果你的孩子害怕独自上体育课，需要你在周围，这样他能看到你，顺应就会有和体育课一样的频率。对于每个顺应，注意它是一天发生多次，一天一次，还是一周或一个月内发生多少次。这些关于顺应频率的数据也非常有助于选择下一步的重点，第 8 章我们会讨论到。

监控顺应——写日志

现在你有了顺应地图，你能更容易地跟踪你在未来几天和几周内持续提供的顺应。试着记录顺应日志，记录你每天提供的顺应以及发生了多少次。你可能会意识到还有其他的顺应不在名单上，你可以简单地将它们添加到顺应地图中，并继续一起监控这些顺应情况。制作一些顺应地图（工作表 5）的副本，或者保留一个电子副本，每天更新你的日志。

你还没有主动减少顺应，尽管这很快就会减少，所以只要试着保持跟踪，不需要特别的变化。一旦你开始主动减少顺应，日志将是一个有用的方式，可以跟踪你的整体顺应的变化，以及可以更具体地关注你所选择减少的顺应。

本章你学到了：

- 开始编制顺应地图
- 如何监控你的顺应

第7章
怎样给孩子提供支持？

你已经了解了所有关于焦虑和顺应的知识，并花了一些时间标识出你为孩子提供的各种顺应。现在你基本上已经准备好开始减少家庭顺应，帮助孩子变得不那么焦虑了。作为父母，减少家庭顺应对你来说是一项艰巨的任务，但同时对你的孩子来说也很困难，他们可能已经非常依赖顺应，甚至认为很多顺应都是理所当然的。就好像你和你的孩子之间存在一种不言而喻的协议——你通过提供顺应来帮助他，而改变这个协议对你的孩子来说是非常难接受的。孩子可能也已经相信，顺应是他感觉良好、应对焦虑、度过艰难一天的唯一途径。但事实并非如此，你和你的孩子很快就会发现，孩子实际上比你们想象的更能应对焦虑。然而，只要你的孩子继续相信他只能通过你的顺应来应对焦虑，任何改变对他来说都将是难以克服的挑战。这就是为什么不仅要减少顺应，而且要增加支持是如此重要。

支持是你帮助孩子应对较少顺应的挑战的方式，孩子焦虑的时候它为你提供了另一种方式来回应孩子。没有替代顺应的计划，不顺应几乎不可能实现。毕竟，如果没有计划，看起来你必须做一些事情，但你可能会意识到你在做的是普通的顺应。提前制订如何应对孩子焦虑的计划，意味着你不必一时冲动即兴发挥。当孩子非常焦虑时，你就会有压力要来帮助他，如果他的焦虑非常明显或者非常夸张，那么这种压力就会非常强大。但是你不需要即兴发挥，因为你有一个如何回应的计划,而这个计划就是用支持来回应的!

支持意味着接受你的孩子真的很害怕 ——但你知道他能应对

当回应一个焦虑的孩子时,支持意味着展示给孩子两件事:**接受**和**信心**。这就像一道非常简单的食谱,只有两种成分,但如果结果是支持的话,这两种成分都是必要的。图 7.1 提供了以下公式:

接受 + 信心 = 支持

图 7.1　支持的成分

非常简单的成分!当你对孩子的焦虑以任何方式回应时,你是在**支持**他,你在告诉他你明白,你知道他实际上很焦虑。你不会因此而批判他(**接受**),也告诉他你完全有信心他能够应对这些焦虑,你知道尽管他感到焦虑他也会没事的(**信心**)。就像你没有通心粉和奶酪就不能做通心粉奶酪一样,如果没有接受和信心,你就无法提供支持!

想想第 4 章中提到的陷阱和困境。回想一下,当你的孩子感到焦虑时,你是多么容易养成要求或保护孩子的习惯。支持系统则恰恰相反:

- **支持并不是要求**:如果你以一种要求的方式回应孩子,期望他不要焦虑,或者期望他表现得好像不焦虑,那就不是支持,因为你缺少了接受的成分。如果你接受了，这就意味着你承认你的孩子真的很焦虑，他无法仅仅因为你这么说而选择有不同的感觉，而且因为焦虑某些事情对他来说真的非常困难。

- **支持并不是保护**：另一方面，如果你通过保护孩子来回应他的焦虑，那么这也不是在支持。这里缺少的成分是信心。保护表明你不相信你的孩子能够应对焦虑，需要你保护他不受伤害。

当你把接受和信心结合在起来，那就是你支持的时候。

支持并不意味着你的孩子会突然停止焦虑；支持并不是能让焦虑消失的魔术。关于接受，你不能糊弄孩子。如果你说了一些支持的话，却期望现在你的孩子就不焦虑，那这不是真正的接受，对吗？行动总是比言语更有力。如果你说着接受，但行为方式告诉你的孩子你并没有真正接受他的焦虑，那么你的孩子很可能不会感到支持。对于信心也是如此。同样地，你的行动比言语更有说服力。如果你告诉孩子，你相信他能应对焦虑，但你的行为显示你并不相信（例如，如果你遵循顺应清单的描述那样去做），那你的孩子就不会相信你对他有信心了。

梅拉尼和布罗迪对他们的女儿达亚娜感到很沮丧，达亚娜今年11岁，正在上六年级。从一年级开始，让达亚娜坐校车去上学就一直很困难。她担心不能坐在她最好的朋友旁边，担心会被别的孩子嘲笑或欺负，并害怕如果她坐校车她会非常难过，一天的学校生活都将是一场灾难。梅拉尼和布罗迪都曾多次尝试让达亚娜乘校车去上学。他们告诉她，每天开车送她去上学对他们来说非常困难，而且会让他们上班迟到。他们告诉达亚娜，她所有的朋友都坐校车，而且没有任何问题。他们也试过问她是否真的在公交车上被欺负过,达亚娜说她没有,但这并不重要。她父母说的任何话似乎都没有帮助,每天早上都会重复同样的场景。梅拉尼和布罗迪在一天的开始表现得好像他们相信他们的女儿要坐校车一样。在早餐的某个时候,他们中的一个人会说一些关于校车来接她的事情,说这个的时候小心地使用一种随意的语气,就好像这件事是一件很平常的事情,而不是一个持续很久的问题。达亚娜会立即停止用餐,用生气或不快的语气说"你知道我不能坐校车"之类的话。她的父母会再尝试一下,假装不知情地问:"为什么不呢?"或者"有什么问题吗?"达亚娜变得越来越不安。然后,她的父母会再次试图说服她去,说出一切让她觉得她好像能去,或者讲明她必须去。最后,达亚娜拒绝离开家去车站,她的父母只得开车送她去上学,第二天又重复了同样的场景。一个多月后,她的父母都觉得他们讨厌上学当天的早晨,醒来时会害怕早餐时的场景。

梅拉尼和布罗迪正在尽最大努力让他们的女儿克服恐惧。他们说的话似乎都是对的,但毫无帮助。想想他们对达亚娜的反应,以及他们是否在支持她。你怎样认为呢?记住接受和自信这两个简单的成分。你认为达亚娜的父母表现出了对她恐惧的接受吗?起初,他们似乎是在接受。他们没有对她说任何刻薄或严厉的话,也没有取笑她的恐惧。但仔细地听他们的话,达亚娜似乎并没有感到太多的接受。当她的父母提醒她,她所有朋友都能坐校车时,他们的目的可能是为了让她觉得她也可以这样做,或者告诉她,她的朋友们乘坐校车并没有发生什么不好的事情。但说她的朋友都没有这个问题,实际上是在说达亚娜也不应该有这个问题。

达亚娜知道她的朋友坐了校车,她可能对他们没有而自己却有的问题感到难过。把一个有焦虑问题的孩子和那些没有焦虑问题的孩子进行比较，没法帮这个孩子感觉好点。你会告诉一个脚踝扭伤的孩子"你所有朋友跑起来都没问题，你为什么不能？"吗？当然你不会，那太荒谬了。期望一个有问题的孩子和其他没有问题的孩子一样是没有意义的。孩子们通常对这种比较非常敏感，而且很少会感到支持。孩子们尤其讨厌被拿来和自己的兄弟姐妹比较。如果你告诉焦虑的孩子，"你哥哥在你这个年纪可以做到"或者"为什么你就不能像你妹妹那样做呢？"你可能在试图鼓励孩子，但你所表达的不是支持。

布罗迪和梅拉尼还做了一件事，很常见，但并没有接受他们女儿的焦虑。每个工作日的开始，他们都表现得好像他们迫切希望达亚娜能毫无问题地乘坐校车。这对父母并不想虚伪，也不想否认达亚娜有问题。他们故作无事的表演，期望达亚娜乘坐校车只是他们向她表达他们认为她能做到的一种方式，它表达了希望，虽然希望很小，也希望早晨可以走一条不同的路。他们甚至可能担心，如果他们认为达亚娜坐不了校车，那么她就会更难养成坐校车上学的习惯，即使将来焦虑不再是问题。这有一定道理，因为孩子有时会发现自己陷入进退两难的境地，无法承认他们想要改变。梅拉尼和布罗迪可能认为，通过如此表现就好像她没有理由不来校车一样，他们给了达亚娜一个机会，一个仅仅是上车而不用付出很大代价的机会。

然而，事实上，这对达亚娜来说是一件大事，她的父母表现得好像她没有理由在乘车上学上有困难，这可能会让她觉得自己不对和不被接受。达亚娜知道，她的父母知道她已经好几个星期没有坐校车了，通过否认这个问题，她可能会觉得，她的父母拒绝承认坐校车这件事情很难。这种否认可能会让达亚娜感觉非常糟糕。

那信心又是怎么样的呢？梅拉尼和布罗迪是否表现出了对达亚娜

的信心这另一个支持的要素？这对父母确实很努力地向达亚娜表明，他们相信她可以上车。他们反复地告诉她，提及她的朋友们如何上车是为了表明他们相信达亚娜也能做到。但请记住，行动总是比语言更有力。每天早上都是父母开车送达亚娜去上学的。通过开车送她去上学，父母破坏了他们相信她能够应对校车的信息。同意开车送她，他们本质上是在承认，至少在那天承认，孩子根本不能乘校车。当顺应发生之后，"我们知道你可以做到"的信息就变成了"我们认为你应该能够做到（但我们意识到你不能）"。

当然，梅拉尼和布罗迪可能会觉得他们别无选择。达亚娜需要以这样或那样的方式去上学，考虑到他们不能让她上校车，他们可能觉得唯一的选择就是自己送她去上学。即使事实如此，它仍然会破坏支持的信心因素，事实上，它可能根本就不是唯一的选择。因为父母最终每天早上都会带她去上学，他们没有机会知道达亚娜到底能做什么。如果他们不带她去，达亚娜可能最终会觉得她是那个别无选择只能上车的人。可能她会错过一天的课，可能会迟到，或者找到其他到学校的方法，比如向别人寻求帮助。如果她真的错过了一天的课，有可能在知道她父母不会开车送她上学时，她会找到上校车的动力。有很多的可能性，但只要父母最终每天早上都送她去学校，这些可能性都不会发生。

很快，你就会自己制订减少顺应的计划，而你也将不得不面临类似的挑战。决定在什么时候让步并提供顺应，考虑可能的结果（例如，孩子拒绝上学），并有应对这些结果的详细计划，所有这些都将帮助你在减少顺应时压力尽可能少，成功的可能性尽可能高。在第9章中，你将发现一些有效的工具来帮助你制订最好的计划，在第12章和第13章中，你会学到一些策略，用来应对你执行计划时可能出现的困难。然而，与此同时，要持续练习保持支持性。

为什么支持如此重要？

有计划意味着，当孩子感到焦虑时，你不必即兴发挥做出反应，而当你开始减少顺应时，计划为你提供了可替代的反应。任何以某种不顺应的方式来应对孩子焦虑的计划，都可以做到这两点，那么为什么你的支持性回应计划如此重要呢？

对于一个高度焦虑的孩子来说，支持是尤其有用的信息。它结合了可以帮助焦虑孩子的最重要的两点（接受和信心）。许多焦虑的孩子会感到被其他人误解，包括他们的父母，他们没有经历过同样的焦虑，或者他们对同样的事情并不感到焦虑。感觉被误解可能令孩子感到非常孤独。同样重要的是，如果你的孩子觉得你不理解他的困难，那么他很可能会对你提供的任何建议或帮助感到非常怀疑。毕竟，为什么要从一个不理解或不接受这个问题的人那里得到帮助呢？当你表达出对孩子的接受时，你是在告诉他你明白，你确实理解了焦虑对他来说有多困难。这会让他更有可能听到支持的第二个部分——信心。

高度焦虑的孩子，在面对他们所经历的极度焦虑时，往往会感到无助和脆弱。他们可能已经认识到，应对焦虑的方法是依赖于回避和顺应，而且他们可能不相信自己能够采用其他方式去应对。当你向孩子展示信心时，你是在向他表明，他不是无助、软弱或脆弱的。你是在告诉他，他很强壮！你的孩子可能不会马上相信，但看到你一直认为他强壮、有能力，即使你知道他有多焦虑，孩子就会开始你对他的信心。随着时间的推移，你的孩子会认为自己比以前更强大，一旦他开始有这种感觉，焦虑就已经要离开了！

认为个体无法应对焦虑是有焦虑问题或焦虑障碍的最大原因。你可能认为孩子的主要问题是他太焦虑，从某种意义上说，你是对的。

但在另一个非常重要的、真正意义上的角度来看，孩子的问题实际上不是他有多焦虑，而是他有多愿意感到焦虑。两个焦虑程度相似的孩子不一定会有相同程度的焦虑问题。为什么呢？因为其中一个孩子可能比另一个更愿意经历焦虑。

这是一个微妙而重要的观点，如果我们想想其他我们试图避免的事情，这些事情不一定是由焦虑引起的，它可能会更容易解释。我们每个人都想尽可能地避免身体不适。几乎没有人会喜欢不适或疼痛，但不同的人对疼痛有不同的态度。有些人认为疼痛是一件可怕的事情，要不惜一切代价去避免，而另一些人会接受他们有时会经历痛苦这件事，并希望它不会太糟糕或持续得太久。

其他类型的不适也是一样的。大多数孩子（和成年人）都不喜欢呕吐。呕吐是不愉快的，也可能是痛苦的，我们大多数人都希望尽可能避免呕吐。但呕吐的痛苦程度并不能决定孩子是否决心不呕吐，或者只是喜欢不呕吐。更多的是由他对不适的态度所决定的，而不是实际的客观不适程度。假设两个生病呕吐的孩子，想象一下他们的经历都是相同的：他们有相同程度的不适，持续的时间也相同，最后他们的嘴里都有相同的糟糕味道。难道这两个孩子都会同样下定决心再也不呕吐吗？不一定。其中一个孩子，罗西，可能会想，"那太可怕了，我再也再也不想经历了，永远都不要！"另一个孩子汉娜可能只是想，"好恶心！"甚至可能会说，"好恶心，但至少我现在感觉好了一点了。"这两个孩子未来的表现将会有所不同。罗西，这个决心不再呕吐的孩子，可能会开始采取特殊的预防措施，比如只吃某些"安全"的食物，远离生病的人，吃东西非常缓慢，所有这些都是为了确保她不会再呕吐。汉娜，只是觉得"恶心"的孩子，她可能不会去做这些事。记住，这两个女孩呕吐的实际经历是一样的，那为什么她们现在的行为却不一样了呢？因为她们对呕吐的看法不一样。

人们对焦虑、恐惧、担忧和压力也是一样的。在决定它会不会成为生活中的问题方面，最重要的不是孩子的焦虑水平，你能理解吗？如果你的孩子有焦虑问题，很可能在某种程度上，他正在努力不感到焦虑。这很正常。事实上，让我们远离那些让我们焦虑的事情是焦虑系统存在的首要原因。但是，当孩子决心不去焦虑时，他可能会开始采取额外的预防措施，远离那些实际上并不危险的事物，阻碍他的日常功能正常运作。

为什么有些孩子比其他孩子更有决心不经历焦虑，这与孩子对自身焦虑的信念有很大关系有关。即使孩子可能没有意识到这些信念，这些信念是存在的，而且也很重要。如果你的孩子认为他自己很软弱、脆弱或无力应对焦虑，那么如果可能的话，他就会想要避免感到焦虑。同样地，如果你的孩子相信，焦虑一旦被触发，就永远不会自行消失，只有通过回避或顺应才能停止，那么，当然，他会尽他所能避免变得焦虑。如果他真的变得焦虑，他会努力让你顺应，这样可以让他感觉更好。

我们知道，焦虑只能通过回避或顺应来停止这个信念是不正确的。事实上，如果我们给它时间，焦虑总是会自行减少。但如果你的孩子不相信这一点，并认为他会完全不知所措或被焦虑所困，那么自然他会努力远离任何会让他焦虑的事物。讽刺的是，试图远离焦虑是最容易令人感到焦虑的方式。为什么会这样？当你的孩子认为焦虑是一种可怕的感觉，而他无力应对，那么即使是小事也会赋予它过大的意义。如果所有的焦虑都是不好的，那么每时每刻都可能是灾难，而你的孩子需要时刻注意任何焦虑即将到来的迹象。这一定会让他感到焦虑！

你无法直接改变孩子对焦虑的信念。教授和解释通常都不足以改变孩子的信念，孩子可能不愿意从你那里听到他应该想什么或应该相信什么。但你确实有能力间接地影响孩子对焦虑的信念。这就是为什么支持的信心因素是如此重要,也是为什么保护性反应会保持孩子的焦虑。当孩子看着你,发现你完全有信心他能够应对时,这将对他和他的信念产生影响。当你的孩子看到你愿意让他在某些时候焦虑时,他也会变得不那么害怕焦虑了。随着自信心的增强,他避免感到焦虑的需求也会越来越小。一个愿意在某些时候感到焦虑的孩子,就完全不会有焦虑问题了。

作为父母,不仅是某个焦虑孩子的父母,也是普通的父母,你是你孩子看到的镜子,从你身上他可以看到自己是什么样的。你向孩子反映的事情会影响他对自己的理解。当你的孩子试图搞笑时,他会看着你,来判断他是否真的搞笑。如果你因他的笑话哈哈大笑,并告诉他很有趣,那么他可能会相信他是真的很有趣。另一方面,如果你总是对他的幽默尝试感到恼火,孩子可能会觉得他并不幽默。孩子如何理解自己的焦虑也是如此。如果你的孩子看着你,他看到的自己是一个脆弱的、无法应对焦虑的孩子,那么他很可能会相信这是真的。但如果你通过你的言语,更重要的是,通过你的行为,向他展示,你认为你的孩子足够坚强到可以应对一些焦虑,那么他就会相信自己确实可以。

尤其是,为什么支持是顺应的最佳替代,为什么你甚至应该在开始减少顺应前实行支持,还有一个重要原因。实行支持可以为你的孩子提供一个积极的框架,理解你在顺应方面做出的改变。当孩子非常依赖顺应时,如果父母开始收回顺应,他们可能会感到困惑。你的孩子甚至可能认为你减少顺应的原因与实际原因完全不同。例如,如果孩子知道顺应对你来说不方便或不愉快,那么他可能会认为你停止顺应是因为你厌倦了这么做,或者因为你不再愿意帮助他。这与事实完全相反。你知道,你减少顺应正是为了帮助你的孩子。你也知道,你减少顺应并不是因为你厌倦了顺应(尽管很可能你真的厌倦了)。事实上,在短时间内,很可能减少顺应同时至少要做与顺应一样多的工作。你知道这些，但你的孩子不一定知道！通过在改变顺应之前增加支持，你为孩子提供了一种理解你为什么要做如此改变的方式。如果你向孩子展示出你理解并接受了这种焦虑，并且你相信你的孩子的应对能力，那么孩子就更容易明白顺应的改变是帮助他变得更好的一种手段。这并不意味着他能轻易地接受这个改变，但这确实会使他不太可能误解你的行为。

你在提供支持吗？

使用本书末尾附录 A 中的工作表 6（你说的话），写下你在孩子焦虑时对他说的话。你甚至可能想在记下说过的话这个任务上获得一些帮助，因为我们并不总是能记住我们说的话，而且我们实际上说出的话通常与我们想表达的意思或打算说的话不一样。你可以向你的另一半寻求帮助，鼓励他们开诚布公地告诉你，当你的孩子感到焦虑时，他们听到你对他说了些什么。你甚至可以问孩子，他是最可能记住你对他说了什么的人！你可能还想参考你在工作表 2（育儿陷阱）上写的句子，把其中的一些句子也写在这里。在工作表 6 上写下你用来回应孩子焦虑的词汇和陈述。然后试着为每个陈述指出它是否包括接受和信心这两个关键要素。如果你说的话不都是支持的，也不要担心。没有一个父母能够一直保持支持，即使是在学习了支持及其包含什么之后。试着寻找每一种成分，并注意它们是否存在于你说的话中。

图 7.2 例举了几个父母有时关于孩子或为孩子所做的陈述，并说明了这些陈述是否包含接受元素和信心元素。最后几行是空白的，你可以用来判断你的想法：这句话表达了接受吗？这句话表达了信心吗？

陈 述	接 受	信 心
你只需要快速通过。	—	√
我现在不能处理这个问题。	—	—
我明白了，这对每个人都不容易。	√	—
够了！	—	—
你没事的！	—	√
你一直都很担心。	√	—
你得学会处理这些事情了。	—	—
我只希望你不要再抱怨了。	—	—
为什么你就不能更像你姐姐一样。	—	—
这一次我会帮你，但下次我不会了。		
你知道，生活并不都是围着你展开的。		
这很难，但你能做到。		
没有什么好害怕的。		
你还要什么时候才能长大呢？		
这对我来说也很难，但我做到了，我相信你也可以做到。		

图 7.2 父母对焦虑孩子说的话——它们是否是支持？

练 习 支 持

看看你在工作表 6 上写下的内容。你可以选择一些你写的短语，通过遵循以下简单的结构来改变它们，以便让它们变得更加具有支持效果：

接受 ＋ 信心 ＝ 支持

如果你的陈述表达了接受，但没有向你的孩子表明你也有信心他可以应对焦虑，试着给接受添加一个信心的陈述。你可以加上一些东西，比如"我知道你能处理它"或者"我知道你可以的"，或者你可以用自己的话，来表达你对孩子有能力可以忍受焦虑的信心。

你所表达的信心并不针对孩子实际会选择做什么来更好地应对焦虑，或者他会面对他的恐惧，或者他会做一些很困难的事情。毕竟，你无法控制你的孩子到底会做什么。他可能听到了支持他的话，但仍然觉得自己无法应对焦虑，但是，这并不意味着支持他的话是错的！这只意味着你的孩子还没有准备好，或者他还没有找到应对的力量。如果你继续读这本书，你的孩子可能很快就不会那么焦虑了，你会看到他行为的变化。与此同时，让我们把注意力放在你在做什么上，而不是你的孩子在做什么。

支持性陈述是关于你的陈述，而不是关于孩子的陈述。当你对孩子表达信心时，你只是在陈述你的信心，而不是他会做什么。一旦你这样看待这件事，你就会更容易表达信心。如果你认为信心是对你孩子将要做什么的信心，那么支持性陈述可能会听上去很假。毕竟，你对你的孩子要做什么有多大的信心呢？但如果你一直把关注点放在你身上，记住你是在告诉孩子，你相信他可以忍受焦虑，那么无论你的孩子做什么，这个陈述都可以是完全真实和准确的。

再次参考工作表6，如果你注意到你说的大部分话都表达了你对孩子的信心，但没有表达接受，那么尝试在信息中添加表达接受的陈述。在表达信心部分之前，先说接受的部分可能会更容易些，这样你的孩子就会知道，当你表达信心时，这并不是因为你不理解他的困难。但是顺序并不重要，怎样感觉最好你就怎样说。每个父母和家庭都有自己独特的沟通方式，用他们自己内在的"家庭语言"来谈论事情。你可以尝试不同的表达方式，看看哪一种你感觉最好。

如果一开始支持性陈述对你来说，没有你平时说话习惯说的那么自然，请不要担心。这是非常正常的，这反映了你现在所做的和你过去所做的是不一样的。改变一开始总是感觉不那么自然，但坚持下去，很快支持将成为你的习惯。

图7.3用到图7.2中的语句来举例，说明了如何将缺少支持的陈述改成具有接受和信心的支持性陈述：

使用位于本书末尾的附录A中的工作表7（支持性陈述），尝试将你工作表6中的一些陈述改为更具支持性的陈述。练习说几次。你甚至可以和你的伴侣或朋友一起扮演角色，这样你开始使用这些陈述就会感觉更加熟练。选出一两个你喜欢的句子，和你认为适合你孩子情况的句子。下次你看到孩子感到焦虑的时候，有准备地说这些话。记住，一开始感觉不是很自然不要紧。

原 陈 述	接受	信心	新 陈 述	接受	信心
你只需要快速通过。		√	这很难，但你有能力通过！	√	√
我明白了，这对每个人都不容易。	√		我明白这很难，但我相信你能应付。	√	√
你没事的！		√	我知道现在这真的很难，但你会没事的。	√	√
你一直都很担心。	√		你一直都很担心，但感觉担心也没问题。	√	√
你得学会处理这些事情了。			焦虑是让你不舒服，但你可以处理的。	√	√
这一次我会帮你，但下次我不会了。	√?		我知道你觉得需要我的帮助，但是我相信你可以。	√	√

图7.3　让陈述更有支持性

孩子可能会对新的支持性陈述感到惊讶,跟过去不同,甚至很有趣。他可能想知道为什么你的反应和过去不一样。这是很自然的反应,你可以简单地告诉他,你一直在反思和研究该如何应对他的焦虑,因为你想尽可能地帮助他。

从现在开始,试着尽可能多地使用支持性的陈述。不要担心反复重复同样的事情,这没关系!对孩子来说,尽可能多地听到你的支持是很重要的。当孩子问你一个他担心的问题,他是在寻求安慰,或在和焦虑斗争,请试着做出支持性的回应。起初,你可能会发现很难记住使用这些支持性的陈述。只有在状况过去后,你才会意识到你准备用支持来回应的。不要感觉不好;下次再试一次。如果你在互动中意识到你回到了你更典型的回应,你可以停一下,说:"实际上,你知道我真正想说的是……"通过练习,用支持性的陈述会变得越来越容易,你可能会对孩子的反应感到惊讶。你已经明白,不要指望这些支持性的陈述能发挥魔法作用,它们很可能不会。但你的孩子会找到方式告诉你,支持是多有意义。只是用另一种方式来做一些事情,就可以为互动方式改变创造机会。通过改变平常和孩子互动的脚本,你反过来也给了他机会,让他去做一些不同的事情。

当然,你的孩子可能一开始对你的支持性陈述反应不那么积极。有些孩子似乎会在一开始拒绝这种支持。孩子可能会说这样的话:"不,你根本不懂。"或者"如果你真的知道这很难,为什么你会相信我能应付?!"或者"别说了!"甚至会说:"你现在听起来像个心理学家,是谁教你这么说的?"这很常见。你不需要试图让孩子接受支持。记住,重点是你在做什么,支持性陈述是关于你的,而不是孩子的。无论他们如何反应,孩子都可以从听到支持的经历中获益。

你有没有过称赞你的孩子,但他拒绝了?孩子们经常拒绝赞美和赞扬。也许你曾说过譬如,"你做得很好!"而孩子的回答是,"不,我没有!"或者当你说,"你今天看起来真漂亮!"而你的孩子说,

"不，我不喜欢，我看起来很糟糕！"也许你自己也会以同样的方式回应赞美。这是否意味着你不想被赞美，或者你应该停止赞美孩子，就因为他没有平静地接受你的赞美？当然不是。那些表示抗拒、很难接受赞美的孩子仍然需要听到关于自己的积极的事情。但没有必要就此展开争论。如果你给孩子一个赞美，而他不接受，你最好说一些话譬如，"好吧，我就是这么想的"，而不是试图强迫他认同这个赞美。他不接受赞美，并不意味着他不在乎你怎么想，甚至也不意味着他不珍惜你的好话。对儿童焦虑的支持也是如此。如果你的孩子对支持的反应是消极的，这并不意味着支持没有意义，也不意味着他没有听到，或者他不珍惜你的支持。继续支持，让孩子以他自己的方式回应。

花一两个星期的时间，通过说尽可能多的支持性语言来向你的孩子展示大量的支持。现在，如果你继续提供顺应，这是可以的；只是要确保使用支持性的陈述。所以，例如，如果你的孩子要求你陪他去睡觉，而这是你一直在做的事情，你仍然可以和他一起去。你可以说，"我知道你对孤独感到害怕，但我知道你可以应对害怕的。"然后，如果你的孩子还想让你一起去，你可以照做。一旦你练习使用了一两周的支持性陈述，就是时候开始关注下一步了——减少顺应。这个过程的第一步，是选择你要改变哪一个顺应。下一章将帮助你决定先减少哪种顺应。

本章你学到了：

- 支持焦虑的孩子
- 支持 = 接受 + 信心
- 为什么支持如此重要
- 你是否在提供支持
- 练习对孩子使用支持性语言

第 8 章
首先减少哪一个顺应？

这一章将帮你在减少家庭顺应、降低孩子焦虑的过程中，选择关注一个好的顺应目标。对一些父母来说，这个选择可能很简单，因为他们的顺应不多，或者因为其中一个顺应很明显。但是，更可能的是你可能已经识别出了一些顺应，选择起来并不明显也不简单。

查看你的顺应地图（附录 A 的工作表 5），和你记录的关于你如何顺应孩子焦虑的日志。再一次考虑，是否有你没有列出的顺应，如果有，把它们添加到地图上。然后学习本章剩下内容，选择你认为应该首先减少的最佳目标。

为什么要从中选择一个顺应？

如果顺应毫无帮助，还会保持孩子的焦虑，为什么不尽量全部减少它们呢？为什么不干脆完全停止顺应呢？原因之一是，你可能会发现根本不可能同时停止一切顺应。顺应可能有很多，即使你能停止所有，这样做可能会给孩子在这个过程中带来不必要的困难。对孩子来说，适应父母行为的改变并不容易，一次减少一个顺应都会让你的孩子因适应新的行为而不知所措。

大多数试图同时停止多个顺应的父母会发现，要坚持这个目标几乎是不可能的。你可能会发现自己最后在各种领域发生不一致的变化，而不是在一个特定领域发生一致的变化。如果你能在某个领域保持一致，即使你继续在其他领域以其他方式顺应，比起你在各种情况下表现得不一致，孩子的焦虑会改善得更快。

在减少顺应时的不一致也有其他不利。如果你不一致，也就是说，有时是顺应的，有时是不顺应的，那么事情就会取决于你什么时候顺应，什么时候不顺应。会是什么样的事情呢？肯定不是你的计划，因为你的计划是根本不顺应。相反，决定你是否顺应的更有可能是，你的心情如何，或者你恰好感觉有多累或精力多充沛，或者你现在有多少时间，或者你当时恰好对孩子有什么感觉。显然这些事情会影响你是否顺应，但它们没有一点帮助。

如果你只在神清气爽的时候顺应（而不是在你感觉累的时候），你的孩子得到的信息，不是"我知道你没有顺应也能应对"，而是"我知道你确实需要我来顺应，只是现在我没有精力来帮你"。或者，如果你根据你对孩子的感受来顺应，例如，当他惹怒你或行为不好时你选择不顺应，那么信息就会变成："我不会帮助你的，因为我生你的气。"同样地，如果你在有时间的时候顺应，而不是在忙碌的时候顺应，那么孩子可能会得到这样的信息："我会帮助你的，但我现在太忙了。"

这些信息的共同之处在于，它们并不具有支持性。支持的信息是告诉孩子，"通过不顺应，我就是在帮助你。"但只有你尽可能保持一致，你的孩子才有可能看到顺应的变化。无论你是疲惫、烦恼、忙碌还是沮丧，如果你都不顺应，那么你的孩子就会看到你确实在这样做，因为你认为这是正确的事情。你的孩子可能并不同意你的观点，但他会知道这是你所相信的，而且会更容易接受这个新的计划。比起知道你是在按照你认为对他最好的方式行事的孩子，认为因为你忙于其他事情所以没有帮助他的孩子，他可能在抵制改变方面所花的时间要长得多。

减少顺应时的不一致，还会造成一个不利是，孩子不知道你什么时候会顺应，什么时候不会。如果你有时会顺应，即使你告诉他你不会，那么你的孩子也会别无选择，只能试试运气，看看你这次会不会顺应。这将导致你的孩子努力让你顺应更长的时间。换句话说，如果孩子没有办法预测你什么时候会提供顺应，那么他会把每一种情况当作你可能顺应的情况。如果你有时一开始拒绝顺应，但最终却以顺应结束，这种情况就更有可能发生了。如果你试图同时减少所有的顺应，那么发生这种情况是很自然的。

在第9章中，你将制订一个非常详细具体的计划，一个说明你将如何改变你选择减少的顺应行为的计划。这也是同一时间里需要关注一个顺应的重要原因。你不可能对每个顺应都有如此详细的计划，而你的计划最终可能会是一些泛泛而谈的东西，比如不顺应。但不顺应根本不是一个计划；它只是一个目标。目标和计划的区别在于，计划能提供关于你的行为何时改变以及如何改变的细节。你会做什么替代呢？你将如何向孩子解释呢？当你没有顺应而孩子有不良反应时，你会如何回应他？这个计划使得整个过程更加顺利，且只有当你选择一个特定的顺应时才可能实现。

为什么我们要选择一个顺应并关注它，还有另一个重要原因。通过一次关注一到两个顺应，如果你成功地减少它们，你可能会发现你不必再管其他的。为什么会这样？通过成功减少开始的一到两个顺应，你可以帮助孩子的焦虑得到改善！减少顺应实际上可以减少孩子的焦虑。当孩子的焦虑减少，他变得更坚强，更不容易感到焦虑，并且变得对自己能忍受生活中某些焦虑的能力更有信心，这个时候他对其他顺应的需求也会下降。就像焦虑和回避会随着时间的推移而泛化——导致对更多事物的回避一样，应对也可以泛化。孩子将学会应对焦虑，并很可能将他新发现的能力应用于其他情况下，让他更容易在没有顺应的情况下应对，即使你没有直接针对这些顺应采取措施。

什么是适合减少的"好"顺应？

当你查看顺应地图上的项目时，考虑这些条目，选择一个合适的目标顺应来减少。

选择经常发生的事情

选择一个经常发生的，而不是不常发生的顺应。选择经常发生的事情会给你很多机会去练习"不顺应"，也会给孩子很多机会去独自体验"克服焦虑的感觉"。一个好的目标顺应是每周发生多次，甚至每天发生多次的事情。你可能会觉得还有另一种顺应——发生次数少得多，但对孩子来说是一个更大的问题。例如，如果你的孩子在学校的消防演习中非常焦虑，而你以前一直是消防演习期间让他离开学校，这似乎是一个要处理的重要顺应目标。但是考虑一下你要练习这种改变会有多困难。消防演习并不经常进行，你也没有办法增加它们开展的频率。除非你是学校的校长，否则你无法决定学校何时会进行消防演习。选择一些经常发生的事情，你的孩子就会有更多的机会来克服他的焦虑。最后，你可能会觉得你仍然需要改变你关于消防演习的行为，这没关系。但你也可能会意识到，你的孩子不再对演习感到焦虑，因为你已经能够通过做其他更频繁的目标来减少他的焦虑了。

选择你能控制的事情

记住，减少顺应完全是改变你的行为，而不是别人的行为，这个别人也包括你的孩子。问问你自己，你正在考虑的目标是不是你所做的，还是说你考虑的目标实际上是在试图改变你孩子的行为。例如，要是你的孩子害怕孤独，总是跟着你从一个房间到另一个房间，你会怎么样呢？一个重要的问题是，"你能做些什么来帮助你的孩子离你近点？"当你离开房间时，如果你总是让孩子提前知道，或者让其他时候你会关上的门开着，这些都是你可以控制的顺应，作为目标是有道理的。但如果你就是忙你自己的去了，留下你的孩子因为焦虑而改变行为，那么这种情况下你就不是顺应。当然，你的孩子会表现出焦虑的行为，但这是孩子的行为，而不是你可以直接控制的东西。

你应该可以以一种不涉及孩子做出的任何改变的方式，来陈述你将对你自己的行为做出的改变。例如，"我洗澡的时候不再打开浴室的门"，或者"我工作的时候不再接电话"，或者"我不会和孩子一起反复检查前门的锁"。注意这些陈述都没有提到任何孩子行为上的变化。如果你不能以这种方式陈述目标顺应（用"我会"或"我不会"陈述），那么很可能你在考虑一个超出你控制范围的目标，那么你最好考虑换一个。

选择困扰你的事情

如果你觉得某个顺应对你和孩子来说都是一大难题，那么你就更有可能更加坚决地减少这个顺应。减少顺应的主要原因是，为了帮助你的孩子变得更好，但如果消除顺应也能改善你的生活，那计划就更容易坚持下去。例如，对独自睡觉感到焦虑的孩子，或者没有父母在身边就难以入睡的孩子，很多父母提供顺应的方式是睡在孩子旁边。一些父母觉得这种行为令人不安或令人恼火，他们渴望能在不用陪伴孩子的情况下睡个好觉，或者和伴侣一起度过美好的夜晚。对这些父母来说，睡回自己的床恢复隐私是一个很好的目标。其他父母则享受夜晚和孩子待在一起的亲密，或者只是对这件事没有什么强烈的感觉。如果孩子睡在你旁边，而你并不介意，你可能会难以做出改变，这会导致改变起来有困难或失眠。

表8.1包含了各种焦虑领域的顺应例子，这些顺应可能是很好的目标，因为（1）它们经常发生，（2）它们是父母控制的、可以选择改变的行为，（3）它们给父母造成了明显的困扰。

表 8.1　好的目标顺应是频繁的、可控的和带来困扰的

焦虑类型	可供减少的"好的"目标顺应
分离焦虑	父母每天都要早起，因为孩子早上醒来想下楼，但担心和父母不在同一楼层
	父母玩"马可波罗"抓人游戏，好让孩子知道他们在家里的位置
	晚上父母和孩子躺在床上
强迫症	父母反复检查食物的有效期，确保孩子的食物没有过期
	父母不会把车停在黑色的车旁边（黑色会引发孩子的强迫性想法）
	父母反复抱孩子，直到拥抱的力道感觉"刚刚好"
社交焦虑	父亲和孩子一起外出时从不穿短裤，因为孩子会感到尴尬
	父母会在各种的情况下代替孩子说话
	当孩子在房间里时，父母不会打电话
广泛性焦虑	父母反复回答孩子关于未来的问题，一再向孩子保证他会没事的
	由于孩子的担心，父母不在家里看报纸
恐惧症	父母每天晚上都要检查孩子的房间里是否有蜘蛛
	因为孩子害怕血液和医疗设备或上课内容，父母帮孩子请假健康课
惊恐和广场恐惧症	当孩子感到有恐慌症状时，父母会从学校接走孩子
	父母会避开购物中心和其他拥挤的地方
食物和饮食	父母和孩子一起检查餐厅菜单，然后确保有"可接受"的食物
	父母为孩子准备特别的饭菜

什么是不适合关注的"不好"的顺应?

下一节将解释为什么一些目标顺应在你考虑减少什么顺应时,不应该成为你的首选。

这真的和焦虑有关吗?

焦虑的孩子不仅仅是焦虑的孩子,你为孩子所做的每件事也不都是与焦虑直接相关。例如,如果你为孩子准备了特定的食物,这可能是因为他有进食焦虑,导致他非常挑剔,但也可能是你的孩子碰巧更喜欢这种食物。即使你想停止准备特定食物,你也最好现在将精力集中在一个你确信来自孩子焦虑的顺应上。

再举一个例子:焦虑的孩子可能会在做家庭作业的时候寻求顺应,通常他们让父母在他们做作业时坐在旁边,反复检查是否有错误,或者帮他们做实际上他们能自己完成的作业。然而,父母花时间在孩子的家庭作业上也可能出于其他原因。有学习困难或注意力缺陷的孩子也可能会在做作业的时候寻求额外的帮助,有些孩子可能不愿意做作业,这需要父母花很多时间提醒或劝哄他们做作业,或者监督他们,让他们能坚持完成作业。试着确保你选择的是对焦虑的顺应,把其他的事情留到以后再说。

不要将目标混在一起

"混合目标"是指要减少的顺应与你作为父母的其他目标相交互。

例如，

- 你的孩子可能很难离开你，也不想独自待在他的房间里。帮助他克服这个问题是一个很好的目标（尽管它还不是一个目标，因为它只描述了孩子的行为，而不是你的行为），但它可能会与其他目标交织在一起。你可能希望孩子能够独自待在他的房间里，这样他就可以打扫房间了。房间干净是一件好事，但凌乱的房间（可能）不是一个焦虑的表现。
- 很多孩子拒绝上床睡觉，想要熬夜。你的孩子可能会因为害怕独自躺在床上而拒绝睡觉，而努力让孩子应对独自躺在床上可能是一个很好的目标。但你的孩子可能对结束一天和睡觉表现出"正常"的抗拒。
- 另一个例子是关于早上准备上学的事情。很多孩子早上会拖延，花很长时间准备去上学。拖延可以反映一个孩子的焦虑，例如，对学校或选择衣服的焦虑。但它也可以反映其他与焦虑无关的事情，比如安排事情上的困难或者对学校和任务的一般态度。

父母双方同意吗？

如果你和你的伴侣正在一起读这本书，考虑一下你们俩是否都认为你正在考虑的顺应是一个重要的或有用的目标。如果你们不是都同意，试着想一个你们都赞成的顺应去减少。面对一个会导致你们发生分歧或冲突的目标，可能会让这个过程变得更加艰难。

表 8.2 列出了不好的目标顺应的例子，并解释了原因。

表 8.2 不好的顺应目标举例

焦虑类型	这些不是好的目标顺应	为什么不是？
分离焦虑	父母想计划一个周末度假，但因为孩子的分离焦虑而推迟了	一次性的旅行并不能提供足够的练习机会
	如果孩子自己躺在床上，父母会奖励孩子	奖励并不是一种顺应
强迫症	孩子每天要洗手很多次	这是孩子的行为，不是父母的顺应
	父母不许孩子使用电子设备超过2小时	这不是焦虑或顺应目标
	父母将停止所有的顺应	不具体；不太可能实现
社交焦虑	只有当孩子非常焦虑时，父母才会代替孩子说话	不一致，并释放了一个信息，即当焦虑加剧时，孩子无法应对
广泛性焦虑	父母会冷静地提供有关疾病是如何传播的细节，而不是反复回答问题	用一种安抚代替另一种安抚
	孩子每天只能打三次电话	这不是父母的行为（可以改为父母接听电话的次数）
恐惧症	从非常小的狗开始，孩子逐渐练习接触狗	这不是顺应目标或父母的行为
惊恐和广场恐惧症	如果孩子感到恐慌，母亲会从学校接孩子，但父亲不会请假来接	维持顺应；造成父母之间的冲突
食物和饮食	母亲会停止每天准备特定食物；而父亲只会提供孩子偏爱的食物	父母对目标和计划有分歧

选 择 目 标!

现在你已经明白，怎样的顺应可以成为你第一个计划取消的好的（或不好的）目标，现在是时候做出选择了。记住，选择那些频繁的，给你带来一些实质性困扰的，与焦虑有关的，是你可以控制的顺应。再看一眼你的顺应地图，选择一个你认为最好的目标。如果你正在和伴侣一起，一起讨论，确保你们想法一致。

接下来的是为你的行为将如何改变提出一个具体的计划，并提前让孩子知道，让他了解你在做什么，这样他就不会对你的行为变化感到惊讶。在第 9 章中，你将自己制订减少顺应的计划，在第 10 章中，你将计划和孩子分享这些信息。当你在制订计划时，保持支持性的陈述，继续监控你的顺应，现在特别关注的是目标顺应，而不是所有的顺应。

本章你学到了：

- 为什么选择一个目标顺应很重要
- 适合减少的好的目标顺应
- 什么会让顺应成为一个不好的目标
- 选择你的第一个目标顺应

第 9 章
如何制订减少顺应的计划？

你的计划应该包括什么？

一个好的减少顺应的计划应该尽可能详细。看看以下这些示例计划，了解计划应该包括哪些细节。然后通读这一章的其余部分，你准备好了就可以使用本书结尾附录 A 中的工作表 8（你的计划），来制订你自己的计划。

示例计划 1

娅兹明计划减少对她 12 岁的儿子穆罕默德的顺应，穆罕默德的焦虑让他不断担心日常生活中任何可能发生的变化，并且想要提前精确知道每天到底计划了什么。娅兹明一直在提供顺应，她每天都会准备一份书面的日程表，并在每天早上上学前与穆罕默德一起温习这张表。这份日程安排表非常详细，包括：谁要去学校接穆罕默德放学；如果穆罕默德先回家，娅兹明下班回家的确切时间是什么时候；娅兹明是否晚上会出去，如果出去，她会去哪里，她离开的时间以及回来的确切时间。周末的时候，日程表中甚至包括了更多的细节，关于穆罕默德或娅兹明一整天都会做的一切事情。娅兹明觉得，制订日程表不仅需要大量时间，也会让她感到更加焦虑，因为如果事情有一点偏离日程表她就会担心穆罕默德的反应。

娅兹明的计划是：

1. 妈妈（娅兹明）不会再写任何日程表。
2. 妈妈不会讨论她什么时候下班回家，但如果她要比平时回家时间下午6:15晚，她会打电话回家给穆罕默德。
3. 妈妈不会在早上（或前一天）回答关于她计划的问题，但会在出去前至少一个小时告诉穆罕默德。
4. 如果妈妈晚上出去，她不会回答关于她什么时候回家的问题，但她会告诉穆罕默德，她估计是否会晚于他的睡觉时间（晚上8:45）回家。
5. 如果妈妈本来没想到会在外面待到晚于穆罕默德的睡觉时间，而且8:45也不能回家，妈妈就会打电话给穆罕默德说晚安。
6. 妈妈会告诉穆罕默德他周末要参与的活动，但不会按日程表写下来。
7. 如果穆罕默德问一些关于日程安排的问题，妈妈会有一次支持性的回答（我知道你会担心日程安排，但我相信你可以自己处理这个问题）。在回答过第一个问题之后，妈妈不会再回答任何关于日程的问题。
8. 每个周末将包括至少一个小时的非计划时间，在此期间，妈妈将向穆罕默德提议一个他们没有计划过的活动（当然穆罕默德可能会选择不参加）。

请注意娅兹明计划中的细节水平。她甚至考虑了一些执行计划时可能会出现的问题。例如，娅兹明意识到穆罕默德对常规的突然变化感到不安，如果没有任何事先警告，她晚上会很难出去。她不想承诺每天晚上都提前计划，所以她决定不提前讨论她晚上的计划，但如果她决定出去，她会至少提前一个小时通知穆罕默德。娅兹明也意识到，有时对日程表的改变可能会导致意外的变化。她不想每天早上和儿子讨论她的工作日程，也不想承诺在某个时间回家。然而，娅兹明实际上同意穆罕默德有权知道日常生活的变化，所以她承诺，如果她工作到很晚，就会打电话回家给穆罕默德。

还要注意，娅兹明计划中所有的要点都只与她的行为有关。她的计划中没有关于穆罕默德会做什么。当然，原因是娅兹明不知道，也不能决定，她的孩子会做什么。他可以毫无困难地接受这个计划，也可以继续要求妈妈按通常的日程表行事。他可能会在妈妈工作时给她打电话，问她什么时候回家。他甚至可能对这种变化感到愤怒或痛苦，并做出爆炸性的反应。娅兹明无法决定穆罕默德会如何行动——但她不必决定！计划要想成功，她只需要控制自己的行为，并对穆罕默德能应付这些保持信心。

让我们来看看娅兹明计划的最后一点。她决定引入一些计划外的时间来帮助穆罕默德更加习惯不知道他一天中的每个阶段会发生什么。但这里，娅兹明也承认，她只能控制自己的行为。她明确接受穆罕默德可能会选择不参加计划外的活动。她会尝试计划一些有趣的事情，希望他能被吸引去参与其中，并了解到计划外的事情仍然可以是有趣的。但她的计划完全集中在她的行为上（提供活动），而不是穆罕默德会做什么或不会做什么。

示例计划 2

艾丽和弗兰基制订了一个计划，减少他们为女儿奥布丽提供的顺应。奥布丽 15 岁，经常惊恐发作。当惊恐发作时，奥布丽会被一波又一波的焦虑所吞噬，伴随心跳加速，呼吸困难，头晕，还有一种奇怪的感觉，感觉她的身体比平时小，或者其他一切都变得超大了。惊恐发作对奥布丽来说非常可怕，她不愿意在没有父母的陪伴下去一些地方，会一整天用她的手环不断检查她的心率。如果她注意到任何心率升高的情况，她就会变得非常焦虑，她的父母会立即安慰她说她没事，并和她一起反复检查她的心率，直到她确信自己没有惊恐发作。因为奥布丽对恐慌发作的焦虑实际上导致了她的心率上升，她的父母经常鼓励她躺在床上，父母躺在她旁边，抚摸她的头发，帮助她慢慢呼吸，不断安慰她，直到焦虑平息。

艾丽和弗兰基决定他们的第一个计划集中在奥布丽注意到她的心率上升的时候，而不是需要陪伴她去一些地方。他们担心，拒绝和女儿一起去这些地方会导致奥布丽完全不再外出。他们希望首先减少其他顺应，这样可以帮助奥布丽变得不那么焦虑，这会使陪伴女儿去一些地方这个顺应以后更容易成为第二个目标。

弗兰基和艾丽的计划是：

1. 我们不会检查奥布丽的心率，也不会参与她的检查。
2. 我们每天回答关于奥布丽心率的问题不会超过一次。
3. 如果奥布丽问我们她的心率或惊恐发作，我们会说，"奥布丽，我们知道惊恐发作非常不舒服，你真的害怕再发作。我们也知道，即使你惊恐发作，你也会处理好，最终会没事的。"
4. 如果奥布丽反复问我们关于她焦虑的问题，或者要求我们和她一起检查她的心率，我们会说一次上面的话，然后离开这个房间。

5. 如果奥布丽让我们在她焦虑的时候躺在她旁边，我们会同意最多花5分钟时间帮助她慢慢呼吸。5分钟后，如果奥布丽还是焦虑，我们会说，"我知道你仍然感到很焦虑，但我也知道它会过去，你会没事的。我现在要走开了。"然后我们就会留下奥布丽独自待在那里，去另一个房间。
6. 不管哪一天，我们俩都不会躺在奥布丽旁边帮助她呼吸超过两次。

你可以从他们的计划中看到，艾丽和弗兰基已经考虑过，即使在他们提前告诉奥布丽他们的计划后，她也会继续要求他们的安慰和顺应。他们意识到，他们不能指望奥布丽仅仅因为他们说不会提供顺应就停止她的顺应请求。他们知道自己只能控制自己的行为，而不是他们女儿的行为！他们还意识到，当奥布丽感到非常焦虑，并反复向他们寻求帮助时，不提供顺应可能是多么困难。他们的计划反映了这种关切，他们的解决办法是，如果不提供顺应对他们来说太困难，就必须摆脱这种情况。当奥布丽感到焦虑或惊恐时，就去另一个房间，留下她一个人，这看起来像是一种严厉或者冷漠的行为，但弗兰基和艾丽非常关心他们的女儿。他们明白，当奥布丽请求他们的帮助时，待在同一个房间里将会是非常困难的，他们知道这样可能不会成功，他们可能会屈服并提供顺应。

艾丽和弗兰基相信奥布丽会没事，即使她真的惊恐发作了，她也能忍受焦虑。通过离开房间，父母希望他们能向奥布丽展示他们对她应对焦虑的能力多有信心。父母也明白，当奥布丽感到焦虑并寻求他们的帮助时，在她附近，实际上可能会让奥布丽的经历变得更糟。父母就在身边，但拒绝参与她的焦虑，这对女孩来说可能会非常沮丧，只要奥布丽的父母在身边，她可能会发现自己更难停止要求顺应。一开始，父母离开房间可能会让奥布丽感到难过，但一旦她意识到他们不在她身边，奥布丽就更有可能在自己身上找到应对恐惧的力量。

计划中的这个元素，即去另一个房间，留下奥布丽独自应对，提出了一个关于儿童焦虑和家庭顺应的重要观点。那些依靠顺应来帮助他们应对焦虑的孩子，通常会认为顺应是应对焦虑的唯一手段。只要你的孩子仍然希望你能提供顺应，他们就不太可能尝试其他的应对方式。一旦你的孩子发现你肯定不会顺应，他就更有可能找到其他更独立的方式来调节自己的焦虑。

艾丽和弗兰基关于躺在床上和奥布丽一起呼吸的策略，反映了这种向更加独立的应对的转变。通过缓慢而深的呼吸，奥布丽用她的身体来调节焦虑。然而，奥布丽认为呼吸放松是父母为她做的事情，并没有把这看作是一种当她感到焦虑时随时可以用的技能。这种顺应变成一种极好的应对策略，可以帮助奥布丽不那么容易受到焦虑影响，变成了她对父母的依赖。弗兰基和艾丽想鼓励奥布丽继续使用她的呼吸放松帮助自己平静下来，但他们也希望她把深呼吸看作自己的工具，她可以独立完成，这样感觉更好。这就是为什么父母在他们的计划中包括了两个具体的事情：

1. 他们限制了和奥布丽待在一起，帮助她深呼吸的时间。通过规定5分钟的时间限制，使得父母有时不得不在奥布丽完全平静下来之前离开成为可能。这将使奥布丽在他们离开之后，有机会继续自己使用深呼吸。
2. 他们还限制了每天和女儿一起深呼吸的次数。限制他们躺在她旁边的次数，这使得有时如果奥布丽想用她的身体来降低焦虑，她可能不得不自己练习呼吸。

最后，再注意一件事：弗兰基和艾丽制订了一个具体的计划，当他们实施计划不去顺应时，他们会对奥布丽说什么。当他们离开房间时，而不是提供安慰或检查她的心率时，他们有一个该对奥布丽说什么的计划。他们的计划取代了他们与奥布丽待在一起并安慰她的顺应行为，并让他们能够以支持性陈述予以回应。他们还计划，如果他们达到了5分钟帮助奥布丽放松和舒缓的时限，他们会说什么。有具体的计划，他们就可以提前练习和角色扮演，帮助他们避免在那一刻不得不即兴发挥做出反应，并让他们保持一致。这个计划让他们在不同的情况下以及他们之间保持一致，这样他们会说同样的话。弗兰基和艾丽小心翼翼地在那些困难的时刻选择支持性的声明。他们选择的语句都包括了支持的两个成分：接受（我们知道惊恐发作非常不舒服，你真的害怕再发作；我知道你仍然感到很焦虑）和信心（我们也知道，即使你惊恐发作，你也会处理好，最终会没事的；我也知道它会过去，你会没事的）。

示例计划 3

刘易斯制订了一个计划，以减少顺应他儿子基根的焦虑。基根今年11岁，患有强迫症已经好几年了。最近，他的强迫症集中在担心自己做了坏事，或者他将来会做坏事，甚至是犯罪。基根每晚睡觉前会非常仔细地回顾他的一天，刘易斯会坐在儿子旁边，听他详细描述那天发生的一切事情，确保孩子没有做任何不好的或违法的事情。每晚的这个仪式会持续半个多小时，有时会更长。刘易斯还要向基根保证，他会突然变成一个坏人或罪犯是没道理的。刘易斯会一遍又一遍地告诉孩子，他能控制自己的行为，他可以选择做好事或者坏事。刘易斯会试图向基根提供各种犯罪的统计数据，以及预测一个人是否会有不良行为的因素。刘易斯甚至会编造有关犯罪和犯罪行为的统计数据，他希望这些数据能帮助基根不再担心自己未来的行为不端。然而，尽管父亲做了种种努力，基根似乎在那个晚上再放心不过了，但第二天晚上，整个过程又会再重复一遍，基根问了同样的问题，刘易斯给出了同样令人安心的答案。

刘易斯的计划是：

1. 爸爸不会和基根一起回顾一天发生的事情。
2. 如果基根想告诉爸爸一些关于这一天的事情，爸爸会听，但如果他认为基根是在检查他是不是有不良行为或寻求他没有做过坏事的保证，爸爸会停止听或停止回应。
3. 晚餐后爸爸不会和基根谈论他的一天。
4. 爸爸不会回答关于基根将来是否会做坏事的问题。
5. 如果基根要求安慰或想要回顾一天的生活，爸爸会说一次："基根，我爱你，我知道强迫症对你很难，因为你有很不愉快的想法。我相信你会没事的，我认为和你谈论这个问题没有帮助。我的目的就是帮助你，我想通过不再回答这个问题来帮助你。"爸爸只会这样说一次，之后就不会回答或回应基根的强迫症请求了。

和其他计划一样，刘易斯也试图尽可能地计划详细。他明白这个过程可能很艰难，并且制订了如何以支持来回应而不是顺应的计划。刘易斯还必须克服另一个困难。他不想完全不和基根说话，他仍然想向他的儿子表明，他关心发生在自己孩子身上的事情，并对他一天的生活感兴趣。但刘易斯不希望再以强迫症的方式回顾基根的一天，他要停止提供顺应。他的解决方案有两个组成部分：

1. 刘易斯计划继续倾听基根，和他谈论他的一天，只要基根不把他卷入强迫症检查和提供安慰。请注意，对于基根说的东西，什么时候只是谈论这一天，什么时候是强迫症行为，并没有一个明确的定义。刘易斯没有办法列出基根可能对他说的所有事情，也没有办法对每件事都计划做出什么回应。相反，刘易斯计划，如果他在与基根的互动中意识到谈话已经变成了一种强迫症顺应，他就会停止参与互动。当然，基根可能不认为自己在做强迫症的谈话，他可能会说他只是想分享一下他这一天生活的细节。但重要的是，不需要基根同意刘易斯能否实施他的计划。这就是为什么，确保顺应计划中的一切都是关于父母的行为而不是孩子的行为是如此重要。刘易斯将根据他自己的判断，在每种情况下根据他认为什么是最正确的做法来采取行动，无论基根是否同意。刘易斯会不会有时候弄错，认为某事是强迫症行为而实际上不是？有这种可能性。当然，相反的情况也可能发生。刘易斯可能认为某件事不是强迫症行为，而实际上它是，这导致他提供了安慰和顺应。刘易斯现在可能已经非常善于识别强迫症行为了，但他有时也可能会弄错。这也没关系。最糟糕的是，基根有时会感到沮丧，因为他的父亲没有和他谈话，或者偶尔会无视这个计划提供顺应。这很不幸，但换句话说，只有当基根同意他的行为是由强迫症驱动的时候，他才会避免顺应。基根可能会有很强烈的动机从刘易斯那里得到安慰，这可能会让他否认他正在经历强迫症，即使他知道自己是在经历强迫症。当担心与强迫症有关时，他可能自己也没有意识到。通过训练自己的判断和采取相应的行动，刘易斯卸下了识别基根身上的强迫症的任务，并让基根自己承担了责任。

2. 刘易斯计划的第二个要素是，当继续谈论一天生活、识别强迫症谈话存在困难的同时，将关于一天生活的对话限制在晚餐前。刘易斯知道,从晚饭到睡觉之间的时间是基根最有可能担心他的强迫症的时间,也是参与他的日常回顾和顺应的时间。因此,刘易斯决定,关于一天生活的对话必须在晚餐前结束。当然,基根仍然可能在晚饭前寻求顺应,然后刘易斯将不得不实施他的计划,不做出回应。此外,基根也可能只是想在晚餐后分享一些当天发生在他身上的事情,在这种情况下,他不得不等到第二天再和父亲谈论这件事。通过在晚餐前停止关于日常的对话,刘易斯希望能让不顺应的过程变得更顺利些。

没有一个计划是完美的,同样,你为了减少你给焦虑的孩子提供的目标顺应而做的计划也不是完美的。没关系!重要的是要尽可能地考虑计划的细节,考虑哪些事会使计划实施起来具有挑战性,然后将它付诸实践。当你遇到一个你没有预想过的困难时,你可能需要调整你的计划,这也是意料之中的。你只需做出必要的改变,并继续付诸实践!

制订你自己的计划

现在你已经准备好制订你自己的计划了。使用本书末尾附录 A 中的工作表 8(你的计划),尽可能详细地设计你的计划。仔细考虑以下每一个要素,将你的计划写在工作表上:

改变什么顺应?

你打算减少或停止什么顺应?具体说明你要改变的行为。不要使用类似于"我不会顺应"或者"我不会提供安慰"这样模糊的陈述。相反，用详细的陈述写出你的意思，比如，"我不会回答关于食物是否健康的问题"，或者"一旦我把孩子放在床上，我就不会待在房间里"，或者"我不会回复与焦虑有关的短信"。

什么时候改变？

写下你是会一直改变顺应，还是只在一天的特定时间改变。例如，在去孩子学校的路上和从学校回来路上，如果你一直按照一条特定路线驾驶（可能发生在孩子对某个地方，或靠近特定的商店或者建筑感到焦虑时），你计划只改变从学校回家的路上，把这个写下来。如果改变发生在特定的日子，如只发生在周末，或者只发生在父母都在家的时候，或者任何其他特定的时间，都清楚地写下来。

另外，考虑一下顺应的改变是只发生在孩子要求顺应的时候，还是无论孩子有什么行为你都会按照自己的计划去做。例如，如果你一直通过为孩子做特殊的食物而顺应，你可能会决定不再做这种食物了，这是独立发生的，而不是回应孩子的行为。你仍然需要计划在吃饭时如何回应你的孩子，但是顺应的改变可能在孩子参与进来之前就已经发生了。同样地，如果你通过提前下班回家来顺应，改变可能是你会在某一天或更多天晚回家。这也与你的孩子说什么或做什么无关。再举个例子，当孩子洗澡时，如果你一直通过向孩子保证你会站在浴室门口来顺应，改变可以在他洗澡并要求你待在附近时发生。

最后，写下你准备什么时候开始实施这个计划。马上就实施吗？还是你打算在某个特定时刻开始执行计划，比如下个周末，或者在即将到来的活动之后，像孩子的生日派对之类的活动。有时候，推迟一点时间实施计划是有道理的。例如，你可能在等你的伴侣从旅行中回来，或者你可能在等你自己的日程改变，从而使计划更容易实施。你可能不想拖得太久，你也不应该找理由来拖延。但在某些情况下，短暂的延迟可能是有意义的。其他时候，最好的做法是马上开始。不管怎样，注意在你的计划中写下你打算什么时候开始。

谁将参与计划？

这个计划是只涉及你自己，还是有其他人参与其中？如果父母一起计划，并且都将执行相同的步骤，请在工作表上记下这一点。如果你们每个人的计划有些不同，请写下每个人的行为方式。如果计划涉及父母之外的人，例如，朋友或亲戚，也记下来（确保他们知道计划并达成一致！）。

怎样减少以及减少多少？

你是否计划将每天的顺应限制在一定次数内，或者每种情况下限定特定的顺应次数？还是你打算完全停止顺应，尽你最大努力一次都不去做？任何一种做法都可以是一个很好的计划。有时，第一个计划可能是将顺应限制在几次，以便以后进一步减少或停止顺应。其他时候，你可能会认为彻底停止顺应是最简单的做法。不管怎样，写清楚你的计划，以及如果有的话，你要提供多少顺应的细节。这样一来，你就会总是知道自己应该如何行动。尽量避免含糊的描述，比如，"我每天只回答几个问题。"模糊的描述会让你更难决定是否要顺应，而且它们也会让你的孩子更难明白接下来会发生什么。今天的"几个"可能与另一天的"几个"不同，这使你的行为对孩子来说不可预测和困惑。说出一个明确的数字，比如"每天只问三个问题"或"只有五分钟"，会让你的行为更加清晰，也会让你更容易知道自己是否已经达到了计划的极限。

你可能会担心，除了零之外的任何数字都会让你的孩子感到困惑。如果你同意提供三次顺应，这难道不会让你的孩子很难知道你是不是在提供顺应吗？答案是否定的。在第 10 章中，你将学习一些向孩子传达计划的有效方法，这样他就能很好理解你改变行为的计划。如果你设定了三个顺应的限制，那么你的孩子就会知道这一点，也会明白，一旦达到了这个限制，你就不会再提供顺应了。只要你做了详细的、具体的计划，像这样的规则可以是完全清晰和一致的。

你会做什么来替代顺应？

想象一下，当孩子感到焦虑并寻求顺应时，你会如何回应他？你会做什么来替代顺应？你会提供其他建议吗？你会提醒他你在努力不顺应吗？你会对孩子表示支持吗？然后呢？你会离开这个房间吗？你会待在附近，尽量保持冷静和镇定吗？还有别的什么人能帮你坚持这个计划吗？如果你的孩子对你不提供顺应感到沮丧或生气，也许你打算听音乐来帮助你保持冷静？即使你的计划很简单，和"我不会回答"一样简单，也把它写在顺应计划工作表上。有个计划，不管什么计划，都比没有计划就陷入困难的情况要好。

会遇到什么困难？

并不是每个计划都容易实现。很多事情会让你难以继续执行你的计划。试着想想你最有可能面临的挑战。例如，如果你计划改变上学前的顺应，你可能会担心孩子不能按时上学，如果早上一再拖延，你是否能够坚持你的计划。或者，如果你还有其他孩子，你可能会担心实施计划会影响他们。你可能想知道这个计划需要多少时间，以及你是否能够处理它可能产生的所有情况。或者你可能会担心，孩子会找到一些没有帮助的或更有问题的顺应来替代。例如，如果你上班时接到重复的电话，你可能会担心，如果你不接，孩子会打电话给同事来找你，给同事造成困扰。提前考虑这些挑战，可以帮助你想出解决方案，而在实际遇到时不会感到惊讶。例如，在打电话的例子里，你可以向同事解释，你正在和你的孩子一起克服焦虑，因为你减少了接电话次数，他们可能会接到你孩子的电话。

现在，你已经读完了本章中的提示和示例计划，仔细考虑你自己的计划，写在工作表 8 上。你可能需要试几次才会觉得自己做对了，但它值得你付出努力。在这一点上，你对计划的想法越多，你就越容易把计划传达给你的孩子，并把它付诸行动。一旦你写下了计划，就是时候让孩子知道它了。第 10 章将介绍如何以一种支持性的方式告知孩子你的计划。同时，保持支持性声明，继续监测目标顺应。

本章你学到了：

- 你的计划应该包括什么
- 如何制订你自己的计划来减少目标顺应
- 考虑实施计划时你将面临哪些挑战

第 10 章
怎样让孩子了解计划？

为什么要告诉孩子这个计划？

现在你已经制订好计划了，是时候开始减少顺应了！在将计划付诸行动之前，你要做的最后一件事就是告诉你的孩子这个计划。让孩子知道你打算做什么是个好主意，原因有很多，其中之一就是这对孩子来说才是公平的！你已经提供了顺应，也许还提供很长时间了，孩子没理由会想到你会改变做法。如果你没有事先告诉他，他会对你行为的变化感到诧异和困惑。提前解释这个计划也会让他知道，顺应的改变不是一次性的事情。如果你只是拒绝提供顺应而不加以解释，孩子可能会认为这只是暂时的改变，下次他仍然会希望你能顺应。告诉孩子这是你现在的常规计划，你打算一直遵循这个计划，可以防止产生误解。

提前告诉孩子计划的另一个原因，是为了给你一个机会来解释你为什么要做出改变。到目前为止，你已经尽可能多地练习了做支持性陈述，孩子知道你接受了他的焦虑，不去评判它，知道你相信他可以应对焦虑。如果你还没有对孩子说，先停一下，在继续你的计划之前，再练习几天怎样做支持性陈述。支持性反应的增加，会让孩子准备好理解计划背后的意图，而提前描述这个计划，会让你有机会将新的计划与同样的支持性方法联系起来。

本章你会看到，你如何以一种支持性的方式让孩子了解这个计划，同时表达出接受和信心。当你建立这个联系时，计划本身就会成为一种强有力的支持性表达。和孩子谈论这个计划时你可以解释说，你这样做正是因为你对他有信心！那这是否意味着孩子会对这个新计划感到高兴？当然不会。但这确实会让他更有可能理解，你已经不再顺应了，因为你相信他，知道他足够坚强，能够自己应对。

向孩子描述这个计划还会帮助你坚定立场，致力于实施计划。如果孩子知道你打算做什么，你就会不想让他失望。记住，当你减少顺应时，你并不是在减少对孩子的帮助——你是在帮助他更多！如果计划实施起来比你想象的更难，假如你告诉了孩子你会以这样的方式帮助他，你会更容易坚持。

如果你想知道孩子是否知道顺应的存在，答案可能是"是的"。研究表明，大多数孩子都很清楚他们父母提供的顺应。事实上，在很多情况下，孩子们甚至比他们的父母更善于识别顺应。（你可能做了一些事情，但因为孩子的焦虑，你没有意识到在顺应！）大多数孩子从自己的经历中认识到，顺应作为一种长期策略是行不通的。当然，你的孩子可能希望你继续顺应，因为在那一刻，顺应可以帮助他感觉好点，不那么焦虑。但随着时间的推移，他会明白，无论你提供多少顺应，他仍然要应对很多焦虑。

孩子可能还会帮助你改进这个计划。告诉孩子你将做出的改变，不仅仅是尊重他这个直接会因改变而受影响的人，也给了他一个投入和反馈的机会。例如，孩子可能会指出你没有想到的挑战和障碍，你的计划可以通过考虑这些挑战和规划解决方案得到改进。或者孩子会建议你对顺应稍微做些改变。告诉孩子这个计划和他的诉求可能不一样，但并不意味着他不能提建议。

最后，虽然你是做出决定并执行计划的人，但考虑孩子的建议是一个好主意。例如，如果你打算在带孩子去朋友家玩时不再和他待在一起，从而减少顺应，你的孩子可能会建议你待10分钟再离开。这似乎是一个合理的开始，也是一个你绝对可以考虑接受的步骤。如果你的孩子对细节有一些投入，他可能不会那么反对这个计划，整个过程可能会容易得多。当你认真考虑孩子的建议时，这会告诉他，你正在努力帮助他，并且尊重他的想法。但是请记住，这个计划仍然是你的计划！即使孩子提出了建议而你采纳了，他仍然会抵制实际实施的改变。不要仅仅因为你提前告诉了孩子这个计划或者采纳了他的建议，就指望你的孩子会同意它。

计划不是你和孩子签订的合同，你的孩子不需要对这个计划做出任何承诺。事实上，因为这个计划应该完全是关于你自己行为的改变，所以对孩子来说完全没有办法遵守或不遵守这个计划。如果你最终认为孩子"违反了计划"，那可能是因为你的计划中包含了孩子应该做什么的细节（而不是只关于你自己要做什么），或者你因为他没有让你更容易执行任务而对他感到失望。如果是因为这个计划包含了孩子要做什么的细节，那么你就回去修改你的计划，改成只关注你将要做什么。如果你对孩子仍然在抵制你的改变感到失望，只要记住这对他有多难，接受他正在尽其所能地应对。坚持你的计划，孩子的反应很快就会得到改善。

应该什么时候告诉孩子这个计划？

不要等到最后一刻才告诉孩子你打算在顺应方面做出的改变。当孩子感到焦虑并且希望你顺应时，这不是让他知道你的计划的好时机，因为他的重点是变得不那么焦虑。他无法再想太多别的事情了，尤其是那些会让他现在就更难过的事情！

选择一个你和孩子都相对平静的时候。即使这意味着把计划的开始推迟到第二天,要再提供一次顺应,但给孩子一个机会提前了解计划,了解你为什么这样做是值得的。如果父母都要参与这个计划,那么试着找个时间一起告诉孩子这个计划。你们会得到彼此的支持,孩子也会知道你们意见一致。

选择你可以在几分钟内摆脱其他事情的时间。试着在繁忙的时候告诉孩子你的计划——同时回复电子邮件,给弟弟妹妹穿衣服,准备出门,或者接电话是很困难的。孩子也应该有几分钟自由的时间听你想说些什么。例如,有的家长发现,开车接参加完课外活动的孩子回家的路上,是和孩子谈论计划的好时机。但是,如果你觉得孩子可能会变得非常沮丧,开车会变得困难,那么选择其他时间。你甚至可能需要找一个保姆来照顾其他孩子,这样你可以腾出时间和高度焦虑的孩子交谈。你在家里还要找个保姆似乎很傻,但知道周围有其他人可以照看你其他孩子,会让你更容易专注于焦虑的孩子。从其他事务和责任中解脱出来,即使是一小段时间,也会让孩子知道这对你来说是多么重要。如果你努力只关注焦虑的孩子,那么他会知道的,他也会知道你想要分享的一定是重要的东西。

应该说什么?

关于你减少顺应的计划,有几个简单的内容是需要让孩子知道的。要让孩子知道**为什么**你计划减少顺应,让他知道你的计划**是什么,什么时候,(和)谁,怎么做**,以及**做到什么程度**。为什么就是解释你为什么要做出改变。做一个支持性的声明,明确承认你知道孩子的焦虑、担心、压力或害怕,你知道这是困难的,但你知道他能够应对这种感觉。告诉孩子,你意识到通过顺应,你并没有帮助他减少焦虑,而且你已经决定为了帮助他变得更好而做出改变。以这种方式构建信息可以清楚地表明：(1) 你的计划是为了帮助他，(2) 你要为过去提供的顺应负责。你不是在责怪孩子要求或依赖顺应；你只是承认顺应没有帮助的事实，你承担了父母的责任，为孩子做最好的事情。

计划是什么、什么时候、(和) 谁、怎么做和做到什么程度，就是计划本身：

- **是什么**：告诉孩子哪个顺应或者你打算改变的顺应的具体描述。
- **什么时候**：告诉孩子什么时候以及什么情况下你会实施计划。
- **(和) 谁**：告诉孩子谁会做出改变。
- **怎么做和做到什么程度**：具体说明你行为的变化。你到底要做些什么不同的事情？你现在会如何应对孩子的焦虑？

要尽可能的清晰和具体。你可以给孩子展示你写在工作表 8 上的计划（你的计划），甚至可以给他一份计划的复本让他自己保存。确保孩子知道你打算减少哪种顺应，你的行为会如何改变，以及你打算做什么替代顺应。如果你在和伴侣一起读这本书，他们也会改变他们的行为，告诉孩子你们每个人会做什么与过去不同的事情。

尽量简短！不要长篇大论，也不要教孩子焦虑或应对是怎么回事。如果你习惯漫谈，那么练习只说**为什么**和**怎么做**，然后就此打住。你的孩子过去可能听过你许多警告和责备，他可能不想再听了。专注于上述信息，其他的以后再说。特别注意，不要把你一直想和孩子讨论的其他问题混合起来。例如，如果除了焦虑和依赖顺应，你的孩子在你看来也不够礼貌或尊重，或者如果他在做作业时不够投入，或者如果你认为他在其他生活方面应该做得更好，抛开所有这些，只展示你减少顺应的计划！告诉孩子你希望他是一个好学生可能不会有帮助（或者很少帮助），这只会让顺应计划看上去只是另一个你对他不满意的地方。

要对孩子的应对能力表达信心，你可以在开始时做一个简短的积极陈述，但除此之外，不要对孩子的性格或人格发表其他评价。你制订这个计划，并不是因为你的孩子阴郁或有魅力、争强好胜或随和、懒惰或勤奋、友好或冷漠、有责任心或不靠谱。你这么做只是因为他很焦虑，这才是你要帮助他的地方。焦虑的孩子各种各样，他们有不同的个性。他们除了总是受到父母顺应之外，没有多少共同之处。如果你的孩子非常焦虑，但又有不同的个性，你仍然会提供顺应，因为这是处理孩子焦虑的应对方式。对孩子的性格进行解释是不准确、不公平的，而且还可能会引起他不必要的反感，因为这某种程度上意味着顺应是他的错，而不是你对孩子焦虑的典型反应。

在本书末尾的附录 A 中，你可以看到工作表 9（声明），你可以在上面用所有关键元素写下自己要传递给孩子的信息。下面是一些来自其他父母的案例信息，但首先，你需要告诉孩子减少顺应的计划。首先，你会看到两个不太正确的信息的例子。试着想想这些父母会做什么不同的事情，并阅读后面的解释。然后，你会看到两个更好的信息的例子，它们在简短、支持和具体方面做得更好。

示例信息 1：这则信息有什么问题？

达米恩，我们认为你是一个坚强的男孩，并决定帮你展现出来。我们知道在学校里说话会让你感到不舒服，我们也明白这一点。但我们也知道对你来说，在学校和朋友、老师说话是很重要的。以前我们要求你的老师不要在课堂上和你说话，以免让你在朋友面前感到不舒服或难堪。现在我们认为你是时候开始告诉大家你有多聪明了，我们将不再要求老师不在课堂上和你说话。一开始对你来说可能会很难，但你会习惯的，很快就会开始说话。我们喜欢听你说话，其他人也会像我们一样喜欢听的！真为你感到骄傲，爸爸和妈妈。

你觉得达米恩父母的信息怎么样？你认为他们能做得更好吗？花点时间仔细读一遍，同时记住好信息的要素，是能让孩子了解减少顺应的计划。关键要素是：关于孩子焦虑问题的**支持性陈述**，以及顺应会发生改变的**原因**，然后是计划是**什么**、**什么时候**、**（和）谁**、**如何做**以及**做到什么程度**。让我们看看达米恩的父母是否有好信息的每个要素：

支持性陈述

现在你知道了，为了表达支持，达米恩的父母必须表达接受和信心。他们确实告诉孩子，他们知道在学校里说话会让他感到不舒服（**接受**），但声明的第二部分似乎有点不对劲。他们没有告诉达米恩，他们对他忍受不适的能力有信心，而是关注他在学校说话有多重要。对他们来说可能是一回事，但达米恩可能不是这样想的。他听到父母说他们知道这很难，但他还是必须这么做。这和听父母说他们知道这很难，但他们相信他有应对能力有很大区别。比起表达对他应对能力的信心，专注于他必须这样做还有另一个坏处。它把焦点从父母的行为转移到了达米恩身上。现在看来，父母所传达的信息是关于他们对他的期望，而不是关于他们改变顺应的意图。在信息的最后，父母告诉达米恩，他们相信他会习惯在学校说话，这似乎表达了对他的信心，但他们立即补充说，"很快就会开始说话"，就把焦点放在达米恩的行为而不是父母的行为上。

为什么

父母要为他们的行为（减少顺应）给出一个理由，但这个原因并不是为了帮助达米恩减少焦虑，帮他更好地应对，或者克服他的焦虑。相反，达米恩的父母告诉他，他们正在制订一个计划，是为了他可以开始向所有人展示他有多聪明。这和前者有很大区别，也不一定是达米恩所认同的目标。这也意味着，因为他之前没有说话，大家认为达米恩并不聪明，这可能会让他现在感觉很糟糕，或者引起他以前没有的担忧。要记住，把注意力放在焦虑和顺应上，远离其他目标和特质。

是什么

父母清楚地告诉达米恩他们打算改变什么顺应吗？他们确实特别提到了一件事：要求老师不要在课堂上和他说话。然而，从他们的表述中我们并不完全清楚这意味着什么。他们是打算主动要求老师去找他说话，还是只是停止要求老师避免跟他说话？很有可能达米恩的父母并不会每天都和老师沟通，这让人很难理解顺应会以什么方式改变。

什么时候

这条信息没有明确父母的计划什么时候实施，这些改变什么时候会对他产生影响。达米恩会每天都被要求说话吗？每堂课都要吗？还是有时候这样？什么时候开始？这些细节才会使计划成为一个计划，而不是一个空泛的目标。

（和）谁

这个案例中，很明显父母都参与了计划，双方都准备做出同样的改变。如果计划真的是老师在课堂上开始和达米恩说话，那么让达米恩知道除了父母之外还有谁参与会很有帮助。是他所有的老师都会参与，还是只有他们中的一部分？每节课还是其中一些课？跟孩子解释关于这个计划的细节越多，他就越容易预见会发生什么，并在计划实施时理解它。

怎么做以及做到什么程度

父母并没有给达米恩太多关于他们会如何减少顺应的细节。正如我们已经在（和）谁、什么时候和是什么下面提到的，这则信息实际上是相当模糊的。一个详细的计划应包括更多关于将要发生的变化的具体信息。当你为孩子制订计划时，要尽可能地明确和具体。问问自己，你的孩子可能会有什么疑问，如果你从别人那里听到了这个计划，你会有什么疑问。试着提前想好答案。记住，这对孩子来说是很难的。你正在改变他生活中的一个领域，这给他带来了很多的压力和焦虑。你提供的细节越多，他就越容易快速接受这个变化。看到你在一份详细的计划上付出了这么多思考和努力，还可以增强孩子的信心，让他相信你知道你在做什么！

示例信息 2：这则信息有哪些不足？

宝拉，你不知道你对我们有多重要，不知道我们有多关心你。我们一直努力竭尽所能，想尽可能给你最好的生活。如果我们有做的不对的，或者在这个过程中犯了错误，我们很抱歉。我们是人，每个人都会犯错——即使是父母。

当你患上强迫症的时候，我们非常担心你。你也知道，你的姑妈和奶奶也一直在与强迫症作斗争，我们知道这对他们来说是一个巨大的挑战。我们希望你的生活比他们容易些，所以我们一直在寻找更多的办法来帮助你，愿意做世界上任何能帮助你的事情。就像你克拉拉姑妈一样，你也会担心细菌和污垢。这是一种非常常见的强迫症症状,甚至可能会在家族中出现。我们读过很多关于强迫症的书和文章,了解到一些重要的信息想与你分享。有一种东西叫做"家庭顺应",它几乎发生在每个有强迫症孩子的家庭。这意味着父母会接受强迫症这件事,并帮助他们的孩子做一些仪式。事实证明,家庭顺应不是一件好事。我们自己也做了很多家庭顺应的事。无论你什么时候要求我们都会洗手,给你买很多额外的肥皂因为你总是用光,给你那些小瓶的洗手液而你几乎每周都用完,每当你要求的时候我们就换衣服,因为你认为我们可能接触了脏东西。这些都是家庭顺应。

既然知道家庭顺应不是一件好事,我们将会努力停止这样做。所以不再有额外的肥皂和洗手液了,也不再有额外的洗手行为了。不会有顺应了!每当你认为我们在做家庭顺应时,你要告诉我们停止这样做。我们并不完美,也可能会犯很多错误,但这是我们的计划,之所以这样做,是因为对我们来说,这个世界上没有什么比我们的小女儿更重要的了。请相信,我们只关心什么对你来说是最好的,希望你过上该有的美好生活。你(不完美)的妈妈和爸爸。

你觉得宝拉的父母给她的信息怎么样?当然这是发自内心的!我们不可能忽视他们对她的爱,它非常外显和坦诚,反映了一种情感的流露,包括爱、关心、内疚和渴望被理解。对孩子坦诚是一件好事,但这则信息真的达到它的目的了吗?它达到了让宝拉知道她父母准备以一种明确和支持的方式做出改变的目的吗?你觉得宝拉从她父母那里收到这个信息后会有什么感觉?她可能会感到内疚,因为她的父母明显受到她的强迫症带来的痛苦。她可能会对把她与姑妈和奶奶比较感到害怕,对她们来说,强迫症是她们一生的"巨大挑战"。她可能会对自己造成这种叫做"家庭顺应"的事情感到难过,因为她听说它

"不好"。宝拉可能会对她父母的道歉感到困惑，因为他们告诉宝拉他们在抚养她时犯的错误，或者她可能想向父母保证，她知道他们正在尽最大努力，他们是好父母。当父母鼓励宝拉，并告诉她他们不再顺应时，她可能会困惑于父母到底在要求她什么。这些包含了很多感觉，其中有些会让孩子很难忍受。当父母完成他们冗长的介绍时，宝拉可能会太困惑而不知所措，甚至无法专注于他们试图告诉她的关于他们计划的事情。

现在想想宝拉在她父母的信息中没有听到的事情。她没有听到父母对自己应对强迫性思维和强迫性冲动的能力充满信心的明确表达。没有信心的明确表达，那么信息可能是可接受的，但它不是支持性的。宝拉的父母也没有解释他们打算做什么的理由，就是**为什么**这个要素。他们告诉她，顺应是一件坏事，但没有告诉她为什么坏，或者为什么他们的计划更好。坏是一个带强烈情感的词，但它不是一个解释。很难知道宝拉是如何理解坏这个词的——无论是道德意义上的还是实际意义上的，如果很明确她是怎么理解的就更有利些。如果父母向宝拉解释，顺应对克服强迫症没有帮助，或者顺应会维持强迫症的症状，所以他们会尽量减少顺应，从而让她感觉更好，**为什么**就解释得更清楚了。

宝拉也没有听到**是什么，什么时候，（和）谁，怎么做**和**做到什么程度**。事实上，她根本没有听到一个计划！很明显，她的父母打算少顺应一些，但这是一个目标（而且是一个相当模糊的目标），而不是一个计划。信息的**是什么**部分应该清楚地让宝拉知道哪些顺应是该计划的重点。她的父母描述了很多顺应（购买额外的肥皂，提供很多瓶洗手液，洗手，换衣服）。这些顺应中的任何一个都可能是这个计划的好目标，但他们没有告诉她目标是哪个。他们说，"不再有额外的肥皂和洗手液了，也不再有额外的洗手行为了。"这对一个计划来说是大量的顺应，比他们应该一次承担的要多。但他们也补充说，

"不会有顺应了！"听起来像是这个计划实际上在任何时候适用于所有的顺应。

信息中的**什么时候**、（和）**谁**、**怎么做**以及**做到什么程度**部分，应该是用尽可能多的细节，将减少具体顺应的目标转化为父母将要做出的具体改变。宝拉的父母没有给她任何关于他们将要采取的具体步骤或改变的信息。他们永远都不洗手了吗？是不会再有洗手液了，还是只有一些了？如果会有一些，那是多少？肥皂用完后，他们会怎么办？当然，也没有针对其他未指明的顺应的具体计划，那些顺应他们也暗示将会停止。显然父母是发自肺腑地说，但他们对女儿强迫症的强烈感觉，妨碍了传达一个简单而清晰的信息，这个信息对宝拉是有用的，也会帮助整个家庭适应减少顺应的过程。

当你思考你想传达给孩子的信息，而这个信息是为了让他知道你减少顺应的计划时，尽量保持简单明了。如果因为孩子感到焦虑，你对孩子有强烈的内疚、难过或担心，这是非常自然的，这意味着你非常关心你的孩子。但是要尽量把这些感觉和关于你计划的信息分开。大声说出来，或者写下来读给自己听，你想说什么，问问自己你的信息是否简短、支持、清晰和具体。任何阻碍这些的话语都是没有帮助的。

示例信息 3：一则好的信息

> 艾莉，我们很爱你，我们认为你是个了不起的孩子。我们知道自从你在餐厅发生那件事后，你就一直担心窒息。这对我们所有人来说都很可怕，我们知道让你再次想到窒息是多么可怕。我们也知道你是一个坚强的人，即使有时感到害怕，你也可以的。从那天起，我们就一直在为你把食物切成很小块，但我们意识

到，这样做实际上并没有帮助你克服这种恐惧。现在我们明白了这一点，所以我们决定做出改变，这样才能更好地帮助你。从现在开始，爸爸妈妈就不再打算把你的食物切小块了。我们也不会回答关于食物是否危险或会让你窒息的问题。如果你问我们，我们会提醒你这个计划一次。之后，我们就不会提醒了。我们知道一开始对你来说会很难，但我们对你有100%的信心！我们爱你，我们相信你很快就不会觉得那么害怕了。

请注意，在这条信息中，父母承认了他们女儿的恐惧是多么合理。当艾莉在一家餐馆窒息时，她和她的父母都很害怕。有时，像窒息这样的压力事件会导致儿童开始出现严重的焦虑，特别是当孩子已经有恐惧或焦虑水平升高的苗头。

艾莉的父母在信息的开头就发表了支持她的声明。他们承认艾莉很害怕，而且没有责怪她！他们的信息表达了既接受孩子又信任孩子（记住公式：接受 + 信心 = 支持）。到目前为止，他们还承担了照顾艾莉的责任，也表达了他们的决心，就是通过在未来减少顺应来帮助她。这则信息没有指责艾莉，而且很明显，这些话都是关于父母准备做什么，而不是他们对孩子的期望。

这则信息有一个支持和简短的开头，告诉艾莉**为什么要做这些**之后，艾莉的父母明确描述了他们想要减少的顺应（**是什么**），并告诉了关于**什么时候**（吃饭时间；包含适用于所有的用餐时间，尽管父母可以说得更具体些），**（和）谁**（父母双方），以及**怎么做**和**做到什么程度**（他们将不再将她的食物切小块或回答她关于窒息和食物安全的问题）的细节。他们还告诉了艾莉他们打算做什么替代（只回应一次，做支持提醒，然后不再进一步讨论）。

最后，艾莉的父母以另一个支持和满怀信心的声明结束了这个信息。他们表达了对她的爱，然后就结束了！

传达这些信息艾莉的父母花掉的时间可能不会超过一分钟。如果你保持简短、清晰、明确，一分钟真的足够了。

示例信息 4：另一则好的、完整的信息

杰克森，我为你感到骄傲，你是个很棒的孩子！最近我注意到，无论去哪儿你总是担心要迟到，尤其是上学。我知道你是真的担心，也知道你在努力不要迟到，但我还知道你已足够坚强到能够应对这些烦恼。过去我以为我是在帮助你，通过一大早就叫醒你，并同意提前半小时去上学这种方式。现在我知道了，这些实际上是错误的帮助方式。我学到了更多关于如何帮助你的知识，从现在开始，我将做出改变。我会像过去一样在正常的时间（6:30）叫醒你，不会在7:10提前半小时去上学，我只同意提前10分钟，在7:30离开家。即使七点半之前我们就准备好了，时间没到我也不会出发。我知道有时候我对你很生气，我对此感到抱歉，但我想让你知道，我做这些改变不是为了惩罚你，也不是因为我疯了。担心迟到根本不是你的错。我做这些改变是为了帮助你变得更好，不那么担心。一开始可能对我们俩来说都很艰难，但我相信这么做是对的，我想尽我所能帮助你。你会没事的，我想我们俩很快就会感觉好起来的！

附：早上你在爸爸家的时候，他会负责，他会决定什么时候叫醒你，什么时候出门。你爸爸知道我的计划，也明白我为什么要这么做。

你觉得这则信息怎么样？它是否具有支持性、清晰和具体的特

点？让我们检查一下。通过接受和自信的陈述，我们看到杰克森的母亲琳达已经成功地表达了支持。她告诉杰克森，她接受他的担忧，知道对他来说有多难，她也表明对他应对担忧的能力有信心。她清楚地告诉他**为什么**这么做，让他知道她做出改变是为了帮助他感觉更好，因为她相信这是帮助他的正确方式。她避免了责怪杰克森，也避免了任何改变孩子行为的要求。

关于**是什么、什么时候、（和）谁、怎么做**以及**做到什么程度**呢？看起来琳达对所有这些问题都有了明确的答案。她让儿子知道，她要改变的顺应是提前叫醒他，提前去上学（**是什么**）；她明确表示，计划只适用于杰克森在妈妈家的早晨，杰克森的父亲可能会选择不同的行为，计划"从现在起"生效（**什么时候、谁**）；她详细说明了她将对两种顺应方式做出的具体改变（**怎么做**以及**做到什么程度**）。

关于这个计划和信息，还有两件事值得注意。首先，琳达选择完全停止提前叫醒杰克森的顺应，但她决定只部分减少提前去上学的顺应。完全停止顺应和部分减少都是帮助杰克森不那么焦虑的好方法。也许在实施了一段时间后，琳达会决定更进一步，不再提前去上学了。在这种情况下，她只需要简单发出另一个支持性信息，并向杰克森解释新的计划，以便他理解并做好准备。也可能下一步是不必要的，因为琳达决定七点半出发是一个合理的策略，她可能不再认为这是一个顺应，或者因为杰克森由于这些变化变得不再那么焦虑，不再专注于迟到和提前出发。无论哪种方式，从部分还是全部减少顺应开始都是一个好的计划，最重要的是你有一个计划，解释清楚，然后开始实施。

如果杰克森的父亲不遵守琳达的计划，它还会有效吗？如果他爸爸在他家里继续顺应下去，减少顺应会起作用吗？答案是肯定的！在你可以控制的情况下，持续减少顺应是很有效的，即使在其他不受你控制的情况下，顺应还在继续。杰克森会看到他的母亲对他的应对能力完全有信心，他会发现在即使没有顺应的早上，他也会没事的。即使他的父亲不赞同这个计划，或者不做同样的事情，孩子的焦虑也可能会下降。请记住，在这个方法中，你只专注于改变你实际可以控制的东西——而不是试图强迫其他人改变。你知道，你不能直接控制孩子的思想、感受或行为，你只会改变自己的行为，而不是试图强迫他人来造成无意义的冲突。对世界上所有其他的人也是如此。你不能真正控制他们中的任何一个，试图强迫别人根据你的观点来改变，即使你的观点是正确的，更有可能导致冲突，而不是带来你想要的改变。当然，杰克森的母亲可以试着向杰克森的父亲解释她所学到的东西，看看他是否愿意一起制订一个他们都赞同的计划。但如果他不愿意，那么她最好把注意力集中在自己家的早晨上。

提前告诉杰克森这个计划只适用于在她家的早晨是明智的。这样，这个计划就是完全一致的，即使他的父亲不会遵循它。帮助杰克森的计划的一致性，意味着他的母亲会在正常时间叫醒他，而且不会提前超过 10 分钟去上学。如果他的父亲不这样做，这个计划仍然是完全一致的，因为那些早晨显然不是这个计划的一部分。这就是为什么让计划的**什么时候**和**谁**内容非常清楚是明智的。它让琳达能够把可能不一致的东西变得一致！一旦你这样想，你就会意识到有很多事情是**一致的**而不是**不变的**，因为一致和不变是两件不同的事。例如，杰克森可能每个教学日都要去上学，但他不会在周末和假期去上学。这是否意味着他的学校课表不一致、不可预测或令人困惑？当然不是。杰克森知道，如果是教学日就要上学，如果是周末，就不用。这是完全可预测的，而且规则也是一致的。如果杰克森每天早上醒来不知道是否要上学，因为教学日变得随机了，那绝对会令人困惑。但是根据明确的、规则变化的时间表，仍然是一个一致的时间表。

使用书面信息

现在你已经准备好使用本书末尾附录 A 中的工作表 9（声明）了，写下你自己的信息给你的孩子，告诉他你减少顺应的计划。当你写好，自己大声读出来（也可以考虑读给别人听），看看它听起来怎么样。它听起来清晰和有支持性吗？如果你认为不太好，就做一些修改（你可以复制工作表，如果可以，在电脑上编辑），直到你对这则信息有信心。当你将信息传达给孩子时，大声读一两次也会让你感觉更自然。

当你觉得信息已经准备好了，我强烈建议你多备一份，这样你可以读完给孩子，让他保存一份。读书面信息并把它给孩子，有一些非常明显的好处，比只是把这些信息告诉你的孩子更好。最重要的好处是，从书面文本中大声阅读信息将帮助你准确地说出你的意图。当你在说话的时候，而不是阅读的时候，很难知道你还要说些什么。你可能会感到困惑，或者不记得你在工作表上到底写了什么。或者你的孩子可能会打断或问问题，由此分散了你的注意力，让你跑题。如果简短、明确和具体的信息不是你通常的风格，你可能会发现自己又回到了你更习惯的谈话方式。你在这则信息中投入了很多思考，如果你最终说的是别的意思，那就白费了工夫。

使用书面信息也可以帮助你应对孩子不想听你说什么的可能性。如果他不愿意听，那么比起你不得不坐在那里和一个注意力不集中的孩子聊天，无论如何，你只是读完一张纸然后离开，这样宣读信息都会更容易一些。如果你和孩子沟通有困难，或者你们的关系特别紧张，那么读书面声明就比尝试定期谈话并希望一切顺利更重要。记住，这不是真正的对话；相反，这是你给孩子的信息。你的孩子可能会接收到并有反应，这没关系，但重要的是你想给他的信息。与像往常一样试图和他聊天相比，读这则信息不太可能变成一场争论或引起争执。

书面信息也是你可以给孩子的东西，如果他愿意，他以后可以再读一遍。即使很小的孩子也可能想要保留你的书面信息，并感激收到它。你的孩子可能很难专注于你想让他听到的事情，因为他很焦虑或者不安。如果你给他一份信息，他总能在自己感觉平静的时候读一遍。当然，你的孩子可能会选择不去看这个信息，这也没关系。即使他为了告诉你他不喜欢它，或者因为它让自己感到沮丧而扔掉这张纸，这也不是问题。你是为了让他知道你的计划和你为什么要这样做，孩子可以自由地做出他当时认为正确的任何回应。

读写给孩子的书面信息可能会让你觉得奇怪！这看起来确实比父母和孩子之间的大多数对话都要正式一些，但这也没关系。事实上，让情况感觉有点不寻常或不同是一件好事。这会让你的孩子知道这是不同的。他会看到你真的在思考一些事情，并开始做一些与过去不同的事情。形式会给情况营造一种重要感，甚至是兴奋感，让它感觉非常特别。孩子们对书面声明会有各种不同的反应，对孩子们来说觉得自己很重要很正常，因为他们的父母已经花了很多时间去思考如何帮助他们，并写下了只适合他们的计划。

告知孩子计划时的挑战

你已经准备好与孩子分享这个计划：

- 你已经考虑好如何告诉孩子你减少顺应的计划。
- 你已经确保了你的信息是简短和清晰的，并包括了一个**支持性声明**，以及计划的**为什么、是什么、什么时候**、（和）**谁、怎**

么做和**做到什么程度**部分。

- 你选择好了合适的时间，就是当你和孩子都可以自由地专注于你所要说的话的时候。
- 现在你已经准备好让孩子知道你的想法了。

把你的信息传递给孩子可能仍然有困难，最好为一些更常见的困难做好准备。当你读到本节时，考虑哪些挑战是最可能适用于你和你孩子的，并思考如何处理这些挑战。但如果事情不像你预期的那样，不要担心。重要的是，你已经为孩子尽了最大努力，为下一步做准备……你无法控制他会做什么！

孩子不想听

你可能会发现，孩子对听你要说的话不感兴趣。这可能会令人沮丧和失望，特别是当你花了很多努力来构建这样一个谨慎和支持的信息。但如果孩子不太想听这个信息，你也不要感到惊讶。也许他以为你是要重复那些以前已经说过的话，他不想再听一遍了。如果你之前关注的是你期待孩子的变化，或者你说的听起来好像是在责怪他焦虑的事情，他可能特别不愿意听到这个新的信息。

或者可能谈论孩子的焦虑会让他感到不舒服，或者会带来焦虑的情绪。也许是他担心你正在计划他不喜欢的改变。也可能他的兴趣缺缺与你的信息内容没有什么关系——例如，他可能对你感到难过或者烦躁，原因与焦虑无关。那个时候他可能想做别的事情，或者谈论别的事情。

无论是什么原因，都不必进行激烈的争论。即使你争论赢了，吸引了孩子的注意力，如果他觉得自己是在违心地听你说话，他也不太可能愿意倾听和思考你要说的东西。试着明确（1）你有一句简短的话要说，(2) 这只需要一分钟，(3) 这是一些新的东西。让孩子知道，他不需要回答或者做任何特别的事情，而且你已经对想告诉他的事情投入了很多思考。如果他仍然不感兴趣，就不要强行去做。你可以简单地说出你纸上的东西，然后就走开。或者如果你觉得你根本无法和他说话，考虑改成给他书面信息。即使他不读，你也可以开始把计划付诸行动，如果孩子对你的行为感到困惑，你可以在那时给他宣读声明，然后再给他一份。

孩子变得焦虑或不安

如果你发现孩子对信息内容变得非常不安，你的本能可能想停下来安慰他。希望孩子感觉更好，不想说一些让他痛苦的话是很自然的。但是要尽量等到你完成告知计划后再去试图安慰他。这样，孩子就会知道，即使你明白这很难，你仍然决心要帮助他。你的计划很快就会完成，在他知道你打算做什么后，你也会有时间安慰他。

因为孩子很难过而停止宣布这个消息，除了会让你无法给他提供他需要的信息外，还有两个坏处：

- 这么做是在告诉你的孩子，如果他感到难过，你就不会遵循你的计划。这不是一件好事，因为这可能意味着当你真正减少顺应时，你的孩子会努力表现他有多难过。重要的是，你的孩子要明白，即使你非常关心他的感受，但你有时也必须做你认为对他最好的事情——即使这会让他感到不舒服。
- 这么做也传达了一些与支持非常不同的东西。为了提供支持，你向孩子展示了你对他忍受痛苦的能力有信心。如果你因为他的痛苦而停止传达这个信息，这表明你实际上认为他不能忍受。否则你为什么要停下来呢？

所以，深呼吸，说完你想说的话，如果你的孩子仍然很难过，你可以试着帮助他感觉更好。要接受他可能需要一段时间才能冷静下来，但要相信最终他会冷静下来的。

孩子变得愤怒

如果你的孩子因为你告诉他打算减少顺应而生气，不要感到惊讶！他为什么不生气呢？你告诉他，你准备拿走他非常依赖的东西。如果有人没有经过你的许可，把你知道对你很重要的东西，也是你用来应对你生活中一大难题的东西拿走了，你会不生气吗？你当然会生他们的气。重要的是你不要反过来对孩子生气。如果你提醒自己，孩子对你的计划做出愤怒反应是多么自然的事，你会更容易把他的愤怒看作是他焦虑的表现，抱有同理心而不是敌意。

还记得在第一章中，我们讨论了战或逃的概念吗？它描述了当我们焦虑时产生的反应机制。当人们感到害怕时，他们的身体通过激活这个机制来应对威胁。在战斗或逃跑时，我们的血压会升高，心率变快，呼吸加快，情绪发生改变。

大多数人将战或逃反应与恐惧情绪联系在一起。我们感到害怕，这帮助我们利用身体产生的能量尽快逃跑。但恐惧和逃跑只是反应的一半。逃跑就是"逃跑"，那"战斗"呢？当这种急性应激反应系统被触发时，它很容易让我们像逃跑一样触发战斗，而驱使我们战斗的情绪不仅包括恐惧，还包括生气甚至愤怒。孩子的愤怒和他的恐惧一样强烈地表明了他的焦虑，所以当你告诉他你的计划时，如果孩子变得愤怒，就提醒你自己战斗或逃跑的战斗部分。告诉自己，"这只是孩子的焦虑；我不应该怪他感到难过。"然后深吸一口气，保持冷静，继续把信息传递下去。

即使你觉得孩子的反应是不恰当或缺乏尊重的，而你的任务是规范他的行为，这也不是给孩子一个教训的时候。如果你让他的愤怒分散了你对谈论计划的注意力，并把注意力转移到他不恰当的行为上，那么焦虑就会成功逃脱。你可能认为自己是在管教孩子，但你可能是在帮助他逃避一些让他焦虑的事情。要相信你的孩子能忍受听完你的计划。一旦事情平静下来，如果你仍然觉得有必要纠正他的行为，当你们都平静下来，关于顺应的信息已经说完时，你可以再去纠正他。

孩子和你争论

你的孩子可能会试图改变你对计划的看法。为什么不呢？如果他不喜欢这个计划，为什么不试着劝你放弃它呢？你可以听听孩子说什么，如果他提出建议，可以考虑有用的建议，但不要争论。当两个人想改变对方的想法时，争论就会发生。如果孩子想改变你的想法，自然而然他会和你争论。但你根本不需要改变孩子的想法。如果你还记得，让你的孩子同意这个计划既不可能也没有必要，那么你就会很容易地远离争论。一旦你接受了不需要孩子同意，并且你仍然可以以你认为最好的方式行事，停止争论就很容易了。你的孩子可能会继续争论，但你没有必要去反驳。只要告诉他一遍，这是你认为最好的并且打算做的事，然后顺其自然。当孩子看到你没有参与争论时，他会更容易停止争论。

这里有一个小技巧，你可以用来帮助你避免和孩子争吵。（这也适用于其他的争论——而不仅仅是那些关于焦虑和顺应的争论。）想象一下，孩子想和你一起打乒乓球，但你却不想玩。孩子拿起球，把它打向你。你不想打球，所以你把球扔回去，然后说，"我不玩。"孩子又打向你，你把它捡起来，也许现在有点生气，然后把球扔给他。孩子再一次打向你，你又一次把它扔回去。你发现什么了吗？你不想打球，所以你不停地把球扔回去。但只要你一直把它扔回去，孩子就会再打给你。你嘴上是说你不想打乒乓球,但你实际上却在打。就好像试着不和他玩,但实际上是在玩一样。如果你真的不想玩,你该怎么做呢?最好的办法是完全忽略这个球。让它从你身上弹开,滚到地上。你的孩子可能会把它捡起来,再打给你,但如果你一直让它弹开滚到地上,他就不会一直打向你。球就像你不想争论时孩子的争论。如果你一直把争论还给他,他就不会停止。告诉你自己,"我不玩,我只会让它弹开和滚走。"然后你就会看到争论停止的速度有多快。

如果你的孩子想说服你放弃你的计划,还有一个原因不能争论回去。如果你继续争论,你可能会让孩子觉得你有机会被说服。只要你继续讨论这个问题,就会让他觉得自己有机会赢得争论。这可能会让你感到惊讶,但当父母继续讨论一个问题时,即使他们一直在重复同样的话,孩子们通常认为这意味着答案可能会改变。如果你对此感到困惑,想象以下情况:

> 有一天,你的孩子从学校回家,让你给他买一块5万美元的劳力士手表。当然(我想),你不会给他买这样的手表,所以你会说,"当然我不会买!"但他继续要求买劳力士。你会和他争论一下吗?可能不会。你知道你永远不会给他买,谈论这件事是在浪费时间。你可能会很清楚地告诉他你不会买,如果他继续问,你可能会忽略这个问题,因为讨论它是很愚蠢的。大多数孩子都很了解他们的父母,他们知道如果你还在讨论,这意味着你不能百分之百确定你的答案,即使你这么说了。所以他们会坚持下去。如果你继续和孩子争论你的计划,你不仅给他一个印象,即你不能遵循计划,除非他同意(这是不对的),你也让他发现只要他争论足够长时间,想到了正确的说法,就有机会改变你的主意。

如果你的孩子这么想,那么他自己停止争论的可能性就很渺茫了。

你已经告诉了孩子这个计划，接下来呢？

一旦你传达了你的信息，就是时候开始实施计划了。从现在开始，你的使命是尽可能坚持你的计划。你在执行顺应计划时越一致，你就越早看到孩子的焦虑消退。你可能并不总是成功，但请继续努力。研究表明，父母不断增加对孩子焦虑的支持反应，减少对他们的顺应，在减少孩子焦虑方面，与直接给孩子的个人认知行为疗法一样有效。下一章是关于实施计划的内容，现在你已经准备好了！

本章你学到了：

- 为什么你要告诉孩子这个计划
- 你应该什么时候告诉孩子这个计划
- 确保你的信息是简短和支持的，包括计划的**为什么、是什么、什么时候、(和) 谁、如何做**和**做到什么程度**部分
- 为什么要使用书面信息
- 告诉孩子后会发生什么

# 第 11 章
执行计划

记 日 志

现在你开始将你减少顺应的计划付诸实践,当你按照自己的目标遵循计划的时候,当你需要做一些改变计划的时候,当你忘记或无法遵循计划的时候,把这些时刻记录下来很重要。使用本书末尾附录 A 中的工作表 10(监控目标顺应)来记录和监控你的进度。写下计划是怎么进行的以及遇到的困难,将帮助你找出挑战、排除障碍和想出解决方案,并帮助你确定需要做出什么改变来使计划更可行。用足够多的词汇写下尽可能多的情况,以帮助你以后理解发生了什么。例如,如果你的孩子在电视没有设置到特定音量时感到焦虑,而你的计划包括把它设置到不同的音量水平,你可能会快速记下,"周二下午,父母来访,不想在他们面前吵架,设置为旧的音量。"或者,如果你的计划是不代替你有社交焦虑的孩子说话,你可以记录,"弗朗西斯科的晚餐,没有给 M 点菜,她什么也没有得到,分享 R 的食物。"

预期第一次实施会发生什么

第一次实施计划不提供顺应时,可能会很困难!准备好迎接你的孩子可能会变得焦虑、沮丧甚至愤怒。记住，你是在做对孩子有益的事情，但这对他来说也很困难。如果你保持冷静，你的孩子也会更容易更快地恢复平静。

佐伊害怕巨响。她很容易被吓到，讨厌听到任何响声的感觉。她的父母朱迪和埃里克之前试图通过提醒会有突然的声响来帮助她。他们会在打开空调之前，或者在家里测试烟雾报警器之前告诉她。但佐伊的恐惧越来越强烈，甚至即使提前得到警告，她也会对声响感到不安。她不能参加生日派对，因为气球可能爆炸，她也不能去参加她哥哥的足球比赛，因为现场人群的欢呼声。朱迪和埃里克对佐伊感到难过，担心她似乎在回避越来越多的事情。当他们绘制顺应地图时，他们惊讶于由于佐伊的恐惧和敏感，他们做了很多另类的事情。说到这里，他们注意到所有他们已经习惯了顺应的细节方法。他们绝不会启动水槽里的垃圾处理器，除非佐伊睡着了，因为这会发出的声响。他们保持手机静音，这样就不会响铃，他们甚至小心翼翼地不把手机放在桌子或椅子上，因为即使是振动也会发出声音。埃里克意识到他已经好几个月没有检查过烟雾报警器了，他们还意识到即使天气很热，他们也不开空调。他们会尽量在微波炉工作完之前按停，因为那会发出叮的声音。他们甚至试图让佐伊的妹妹在家里轻声说话，尽管通常并不能做到。他们还开玩笑，无论他们吵得多么激烈，至少他们永远不会提高声音或砰地关上门。

朱迪和埃里克制定了一个顺应计划，包括无论什么时候水槽里有垃圾时就使用垃圾处理器，打开手机铃声，每周检查烟雾报警器。他们让佐伊知道他们在计划什么，以及他们为什么要这么做。佐伊没有太多回应，在他们给她信息后的一两个小时里，她似乎非常安静和沉默。

朱迪和埃里克决定，即使他们的计划包括打开电话铃声，他们也会等到他们先练习了一两次垃圾处理器和烟雾报警器再说。他们希望能够决定计划的第一步何时进行，而不是选择总是令人意外的电话铃声。第二天晚饭后，朱迪正在洗碗，她知道时候到了。她想在打开垃圾处理器之前提醒佐伊这个计划，但认定既然他们已经告诉了佐伊，她会直接去做。她打开了处理器开关，屏住了呼吸，想看看会发生什么。一直坐在附近客厅里看书的佐伊跳了起来。她站起来，跑到自己房间里去了。处理器工作了不到一分钟，但佐伊却一直待在她的房间里。40分钟后朱迪去找她的时候，她还在那里。她不确定佐伊是不是对她感到沮丧、害怕还是生气，她担心会发生冲突。朱迪轻轻地敲了敲门，然后把头探了进去。佐伊躺在床上看书。她看着朱迪，然后继续看书。朱迪说："我只是想说，我为你感到骄傲，佐伊。我知道那声音对你来说很不舒服，我为你能应付它而感到自豪。"佐伊没有回应，朱迪离开房间留下她一个人待着。睡觉时，埃里克去告诉佐伊准备睡觉，和她正常地交谈。他像平常一样讲了一些笑话，佐伊和他一起笑了。

第二天下午，埃里克告诉佐伊，他必须检查一下烟雾报警器。这一次，佐伊生气了。"不！"她说，"你不能这样对我。我知道你就是故意这么做的，因为你有个愚蠢的计划。如果没有我，你甚至都不会这么做，所以不要这么做！"埃里克告诉她，他知道她不喜欢这种声音，但安全很重要，他也知道她会没事的。佐伊用手捂住耳朵，埃里克测试了房子里所有的烟雾报警器。当他做完这一切，佐伊哭了。那天接下来的时间里，她都很难过，晚饭时也根本不说话。晚饭后埃里克启动垃圾处理器时，佐伊对父母大喊："你们为什么要做这些事？你现在要制造世界上所有的噪声吗？"然后再次冲回了她的房间。

一开始，这种变化是全新的，也是不熟悉的。你和孩子都在试验和学习一套新的规则。很快你们都会习惯这种改变，而且它会变得更容易。你的孩子可能需要经历几次才会相信你会一直坚持你的计划。可能过去你尝试过的计划和规则最终没有坚持下去。例如，你是否曾经尝试过使用贴纸填表，但几天后就忘记了？或者给孩子一件苦差事，然后又收回了这个责任，因为它无法完成？或者也许你自己下了决心，但只做了几次就放弃了？孩子知道做某事并不总是意味着它会成为一个新的永久的规则。他可能会期望，如果改变被证明是艰难的，你就会回到旧的顺应方式。一旦孩子看到你一直坚持这个计划，即使他明显不喜欢它，他也会知道改变会持续下去。

为什么几次之后，它会变得更容易一些，还有一个原因。孩子的焦虑感一定会消退的！第一次你不顺应的时候，孩子可能会很难过，但一旦他平静下来（他会平静下来的！）他将会有一个美妙的新体验——能让自己平静下来的体验。这种调节自身焦虑的能力是焦虑的孩子最需要的。通过不顺应他一次，你会让他尝到这种滋味。但是做某些事一次并不能马上让它变得容易。这需要练习和重复。在你坚持这个计划一段时间后，孩子在没有你的帮助的情况下反复让自己平静下来，他会开始感到不那么容易变得焦虑，这是减少焦虑的关键。

保 持 支 持

当你继续实施你的计划时（持续减少或停止目标顺应），保持支持性反应同样重要。事实上，你的支持性陈述现在有了全新的意义和影响。现在你减少了顺应，你就不只是告诉孩子他有多坚强，你对他多有信心——你是在展示它！每一次你不提供顺应，都是以最有力的方式告诉孩子，"我相信你"和"我知道你能做到！"

孩子知道，你永远不会指望他做一些他不能做的事情。例如，想想孩子是如何学会骑自行车的。有个人，通常是母亲或父亲，会先护着孩子，然后再放手。当你放手的时候，这是因为即使你的孩子现在不知道怎么骑，你也相信他能够学会这项技能。你不会把一个婴儿放在自行车上然后放手。那太荒谬了，因为你不会相信婴儿能学会骑车，而当他摔倒时，那将是残忍并且毫无意义的。当你的孩子长大了点，正在学习骑车时，你就会放手。你知道他很有可能会摔倒，但摔倒不再是没有意义的。这是掌握新能力的途中一个不愉快的步骤。区别不在于摔倒，而在于你对孩子能做什么的信念。

当你不再顺应时，你知道孩子可能会有一些不适，就像你放开自行车时一样。但是你对孩子应对焦虑的能力的信心，可以使这种不愉快成为暂时的和有价值的。你的孩子也会明白，除非你真的相信他能应对，否则你是不会放弃顺应的。所以，减少顺应会使支持性的声明更加真实可信。

尽量做尽可能多的支持性声明！当孩子正在调整和发展他自己的内在能力，以更好地减少焦虑时，他会看到你理解感到焦虑的痛苦，看到你相信他能应对。

表 扬 孩 子

在处理顺应变化时，给孩子大量的表扬和积极的强化。它会让孩子知道，你明白这是一个很艰难的挑战（另一种表达接受的方式）。表扬也是一个很好的、提醒孩子的方式，你做出这些改变是为了帮助他，而不是因为你由于他焦虑或寻求顺应而惩罚他。毕竟，父母称赞孩子更有可能是因为他们做得好，而不是出于惩罚的目的。通过给孩子大量的表扬和鼓励，你就会表明你是站在他这一边，和他一起战斗的，这样他就会变得不那么焦虑。

记住，你是在表扬孩子应对和克服你不提供顺应的困难，而不是因为实际上他真的做了（或不做）什么。这意味着你几乎总是能在孩子身上找到一些值得表扬的东西！无论他是从容地接受了减少顺应——也许他是努力自己应对，还是表现出困难和痛苦，你都可以赞美他应对和克服困境的能力。

除了父母之外，来自别人的表扬对孩子来说也很有意义。在第 12 章中，你将读到如果孩子对你顺应的变化有困难，其他了解你和你孩子的人，可以如何帮助你做出支持性应对。但即使事情进展顺利，家庭成员以外的人在表扬孩子方面也能有所帮助，他们可以承认孩子正在应对的困难，表扬他渡过了难关。考虑让孩子的祖父母、阿姨叔叔，或者家里的朋友或更远的亲戚，联系孩子，让他知道他们对他感到多么骄傲。一通简短的电话、一条短信或者拜访家里时简单的几句话，都是非常有影响的。它会告诉孩子，关心他的人都在为他加油，这种额外的支持可以激励他更加努力来克服他的焦虑。

你也可以用奖励来告诉你的孩子，你为他的应对能力感到骄傲。小奖品、款待孩子或其他小东西要比大东西更合适。一个小小的标志或奖励表明你仍然在一个正在进行的过程中继续前进，而大的奖励通常更适合于已经完成这个过程到达了终点。如果你保持给小奖励，你就能给予更多的奖励。你是通过奖励孩子的做法，而不是奖励的大小，来传递你对他的支持。

成功对你意味着不用顺应

专注于你自己的行为，不要指望孩子的行为马上改变。现在，成功意味着你不用再顺应。克服焦虑需要时间，现在的重点是你在做什么。如果你坚持计划，给孩子很多的支持，减少你的顺应，你会很快发现孩子的焦虑正在好转。但不要指望这个变化会在一夜之间发生。一开始，你甚至会觉得孩子的焦虑越来越严重。这可能是因为孩子在他感到焦虑时已经习惯了依赖顺应，还没有习惯靠自己去应对。给孩子一点时间，让他相信自己确实有能力应对——他只是需要更多机会来发现自己的这种能力。

　　帕克7岁了，他有电梯恐惧症。自从他听到有个人被困在电梯里的故事，他就无法乘坐——甚至无法走进电梯，无论他要乘坐几层。一开始这并不是什么大问题，但当他开始去当地一家位于六楼的国际象棋俱乐部时，他对电梯的恐惧成了一个问题。他不能坐电梯上下，他的父母也因为每周要和他一起走两次台阶而感到沮丧。当帕克开始避开其他封闭空间，并坚持无论他在哪里都要保持门开着时，问题变得更加严重了。他的父母露西和卡洛斯计划停止爬楼梯去象棋俱乐部的顺应。一开始，他们把精力集中在上楼梯上，因为他们知道帕克真的很喜欢俱乐部，很想去那里。他们对离开俱乐部的路上会发生的事情不太有信心，想要避免被困在那里，或者避免被老师或其他孩子看见类似情形。他们让帕克知道了这个计划，并告诉他，他们知道电梯对他来说很可怕，但他们确信他能应对，并会一直和他在一起。

　　告诉帕克这个计划后，当他们第一次到达象棋俱乐部所在大楼时，孩子径直朝台阶走去。露西提醒他这个计划，按下了电梯按钮。帕克站在第一个台阶，并没有和他的母亲一起。当电梯到了时，露西进了电梯，为他按着门，但帕克还是不肯进来。最后，她没能让他一起乘电梯上去了，帕克走的楼梯。

　　露西觉得这个计划没有奏效。她没有顺应，没有和帕克一起走楼梯上去，但他仍然没有坐电梯。

你怎么看待帕克和他母亲发生的事？露西说这个计划失败了，对吗？如果成功意味着帕克乘电梯，那么，当然，这还没有成功。但计划不是让帕克乘电梯。计划是露西不顺应，按照这个标准，这次是成功的。露西设法不顺应，并对帕克保持了积极和支持。尽管最终目标是让帕克不那么害怕，并且能够和父母一起坐电梯，但这还需要一些时间。我们有理由认为，帕克仍然会选择不乘电梯，因为，毕竟，他仍然害怕电梯。关注帕克正在做的事情，而不是露西自己的行为，会让这位母亲感到沮丧和失望。这种感觉会使她更难坚持自己的计划。提醒自己，计划是关于她要做什么，会让露西更容易坚持下去，即使帕克行为的变化更慢。

成功对孩子意味着渡过难关

不要等到孩子表现出不那么焦虑后再给予表扬或奖励。你可以称赞他的应对能力，即使他仍然很困难，或者像帕克一样，仍然感到焦虑和回避。对孩子来说没有顺应越难应对，他这样做就越值得表扬。

想到孩子在这个阶段的成功，即度过没有顺应的困难时刻，会给你一些特别的东西。它给了你"促使"孩子取得成功的力量。如果你没有顺应，而你的孩子通过了它，那他就是成功的！好好利用这种力量；通常你都没有办法保证你的孩子会在某件事情上取得成功。大多数时候，我们认为孩子的成功是指孩子做得好时发生的事情。例如，如果有个孩子获得了一个好成绩或赢得了一场比赛，我们会说他成功了。但我们不能保证他一定能做到这些事情；我们只能给他一些工具，鼓励他尽力而为。当你不顺应焦虑的孩子时，你可以确保他会成功，因为他所要做的就是渡过当下艰难的处境。无论他怎么做，这都会成功。

多米尼克的母亲安吉丽娜一直在照顾他的分离焦虑。她晚上躺在他旁边，直到他睡着，永远不会把他单独留在家里。多米尼克12岁了，安吉丽娜认为他已经大到可以单独待上一段时间了，但多米尼克甚至不同意和保姆待在家里。如果安吉丽娜真的需要出去，她会打电话给她姐姐让她过来，因为她是多米尼克唯一愿意待在一起的人。如果安吉丽娜想让他独处几分钟，或者找个保姆，他就会哭，并紧紧抓住她。她认为孩子的行为并不成熟，但她一直不知道如何解决这个问题。

安吉丽娜计划每隔一天晚上出去10分钟。10分钟的时间不足以完成任何事情，但她觉得自己没有办法分离更长时间。她还希望能够每周练习几次她的计划，她知道更长的时间外出很难办到。告诉多米尼克这个计划时他哭了。他告诉母亲，他做不到，如果她爱他，她就不会留下他一个人；尽管如此，安吉丽娜仍然很坚定。

那天晚上晚些时候，安吉丽娜准备第一次出去。她告诉多米尼克，她10分钟后就会回来，然后朝门口走去。多米尼克跑到门口，试图阻止。安吉丽娜不知道该怎么做，所以她决定还是试着离开，并设法绕过了他。多米尼克哭着，试图抓住她的脚。安吉丽娜勉强离开了家。她对多米尼克的行为感到生气，也为自己让他感到如此糟糕而感到内疚。安吉丽娜用这10分钟在街区里走了几个来回。当她回来的时候，她感觉平静了，但她担心回家后多米尼克会怎么做。她想象孩子依然躺在门边的地板上哭泣。她还担心他会生她的气，或者他真的觉得离开意味着她不再爱他了。

当安吉丽娜进门的时候，多米尼克正坐在沙发上。他在玩平板电脑，但安吉丽娜看出他哭了很久。

你觉得安吉丽娜回家后会对多米尼克说些什么？你会说什么？她应该

责备他挡她出门的路吗？或者责备他不成熟？她应该为让孩子如此焦虑而向他道歉吗？她应该向他保证，尽管她出去了，却还是爱他吗？或者她应该忽略这些事情，试着继续推进计划，直到他的情绪变好？

这些都是自然的反应，但安吉丽娜现在有一个非常好的机会。不去关注情况有多困难，或者多米尼克的表现，而是关注刚刚发生的令人惊奇的事情。多米尼克独自在家待了 10 分钟！在他们记忆中，这是多米尼克第一次应对了他的恐惧。他在没有顺应的情况下度过了 10 分钟，甚至通过在平板电脑上玩游戏设法让自己平静下来。这是一个巨大的进步。现在多米尼克知道了，他的母亲认为他足够坚强，能够处理没有她的焦虑。他还知道，即使没有她的帮助，他也有可能冷静下来。下次可能还是不容易，但他不再是第一次这样做了！意识到这对多米尼克来说是多么大的进步，安吉丽娜可以这样说："多米尼克，我为你感到骄傲！！你做到了！"通过坚持计划，安吉丽娜能够保证多米尼克可以成功做到这些。

感觉准备好了和准备好了

有一次我遇到过一个名叫全的年轻人，他正要去上大学，很害怕离开家和长大。他一直期待着上大学，已经进入了他所选择的学校，但现在快出发了，他觉得自己好像迈不了步。我见了全几次，他不停地重复说："我想我还没准备好。"他的焦虑非常强烈，以至于一想到要上大学就会惊恐发作。每当他的父母讨论一些需要做的准备工作，比如买宿舍生活用品或打包衣服，他都会感到完全不知所措，泪流满面。最后，全去上了大学，不到一个星期，他就感觉像在家一样了。他交了新朋友，加入了一个俱乐部，在班上表现得很好。很久以后，我又和他谈了一次，他告诉我，我们在那些会面时讨论的一件事，对他很有帮助："你不需要感觉准备好了——你只需要做好准备！"

准备好了和感觉准备好了是两回事。在大学里安顿下来，适应新日程，表明了全实际上已经准备好了，他只是没有感觉到。我们并不总是知道自己准备好了没有，直到我们真正去做时才会知道。你是否因为要开始做一些新的事情，比如一份新工作而焦虑过？或者可能当你第一次为人父母时，你不确定自己是否准备好承担这个角色和责任。许多新手父母都有这种感觉，我们大多数人都会怀疑自己是否准备就绪。感觉没有准备好，并不能很好地表明你是否真正准备好了。这只是表明某件事会让你有多焦虑。如果不到觉得完全准备好了就什么都不做，那么我们根本就做不了什么。

如果没有你的顺应，你的孩子可能会感觉还没有准备好应对。这并不是说他实际上还没有准备好，这只是他焦虑的表现。当你继续实施计划时，孩子就会看到，即使他觉得还没有准备好——实际上却已经准备好了。

再向前迈进一步

一旦你能执行计划，并持续减少顺应，可能就是时候采取下一步了。如果你已经把顺应减少到一定程度，也许是时候把标准提高到下一个水平了。例如，当孩子上床睡觉时，如果你一直限制自己待在孩子房间多少时间，可能是时候进一步缩短这个时间了。或者，如果你限制了你要回答孩子多少关于担忧的问题，那么可能是时候完全停止回答，或者进一步减少数量了。如果你已经完全取消了某个顺应，可能是时候取消另一个了。无论如何，请遵循与第一次相同的流程：

- **监控**。如果你已经部分减少了顺应，查看日志，看看进展如何。如果你正在考虑减少另一个顺应，回到你的顺应地图，想想哪一个会是另一个好的目标。记住，最好是选择经常发生的事情，这样可以给你和孩子足够的练习机会。
- **计划**。仔细考虑一下计划的细节。你将会做出什么改变，以及你将如何去做？你会做什么代替呢？你能想到一些会让你做起来很难的挑战吗？对这些挑战你有什么解决方案？
- **让孩子知道**。告诉孩子你的计划。从一个支持性的声明开始，并检查你是否给出了计划的**为什么、做什么、什么时候、**（和）**谁、怎么做**和**做到什么程度**部分。

但如果你在实施计划时遇到困难怎么办？第 12 章和第 13 章介绍了父母如何处理在减少顺应方面所面临的挑战。你会了解到其他父母也会遇到的困难，了解克服这些困难的有效方法。

本章你学到了：

- 记日志
- 当你开始减少目标顺应时，预期会发生什么
- 如何继续保持支持
- 成功对你和孩子意味着什么
- 感觉准备好了和准备好了的区别
- 开始下一步

第12章
克服困难——处理问题孩子的反应

当你不顺应时，孩子变得有攻击性

崔妮蒂14岁了，非常害怕接触到毒药或危险的化学物质。她对自己吃的东西非常小心，坚持要她的父母只从一两家特定的商店买食物，而且她从不在家里之外的地方吃任何东西。有一天，她听到一则关于镇上空气质量的新闻，开始专注于害怕接触"坏空气"。崔妮蒂的父母凯文和内瓦娅已经习惯了顺应崔妮蒂的恐惧，但她对空气污染的恐惧让他们忍无可忍。他们给自己家买了一个空气净化器，但这最终产生了负面影响，因为现在崔妮蒂不允许他们打开窗户了。只要从学校放学回到家，崔妮蒂就会积极检查，确保家里所有的窗户都关好了，如果有人打开了窗，她会很生气。凯文和内瓦娅会在他们女儿出去的时候通风房子，但为了避免和她产生激烈冲突，他们会告诉她窗户一直是关着的。

他们的顺应计划包括打开他们的卧室、厨房和客厅的窗户。他们决定允许崔妮蒂继续控制她自己卧室的窗户，他们想，如果她太害怕而不敢待在房子的其他地方，这会让她还有一个地方可以待，因为他们希望这能告诉她，他们不是只想让她不舒服。

告诉崔妮蒂关于计划的信息是非常困难的。凯文和内瓦娅选择了一个时机希望大家都能冷静，但事情很快开始走下坡路。凯文开始告诉崔妮蒂说:"我们知道你很担心空气质量和污染。"但他没能说完这句话,崔妮蒂就打断了他说:"你什么都不知道,你不是我。"凯文试着再次说道,"这是真的,虽然我们不知道那是什么感受,但我们明白这很难",崔妮蒂再次打断他,"不要说你明白了!你不明白,所以别这么说!你为什么还在这里?你想干什么?"

这时,内瓦娅插进来说:"好吧,崔妮蒂,也许你是对的,但我们想告诉你,我们想了很多,请你让我们说出来好吗?说完如果你想走的话我们答应你。"崔妮蒂耸了耸肩,但仍然保持安静,所以内瓦娅继续说:"我们相信你可以应对你的恐惧,对恐惧让步——不打开家里的窗户——对你没有帮助,也没有好处。我们决定改变我们的行为,这样我们就能更好地帮助你。"崔妮蒂从床上跳起来,喊道:"你最好不要打开窗!你敢!这证明你根本什么都不懂。我会不能呼吸的。我警告你,想都别想!"

凯文和内瓦娅试图说完他们剩下的信息,这样崔妮蒂就能确切地知道他们的意图,但他们觉得她根本听不进他们的话。崔妮蒂大喊大叫,跟平常不一样,她开始咒骂人。他们从来没见过她如此生气。他们在她的房间里留下了一份书面的信息,然后就离开了,对接下来会发生的事情他们自己都感到焦虑。崔妮蒂拿起信息纸条,放在床上,在上面画了一个大大的红色的 X。

第二天,当从学校回到家时,崔妮蒂冲进家环顾房子,检查所有的窗户。她看到厨房和客厅的窗户半开着,勃然大怒。内瓦娅还没回家,但凯文回家了,崔妮蒂冲向他,大喊:"你为什么要这么做?!我告诉过你我不能呼吸了!"凯文说:"崔妮蒂,我知道这很难,但你会没事的。请不要说那种话。"崔妮蒂大声喊道:"那种话?你在毒害我,你还在乎我说的话吗?狗屁,狗屁,狗屁,狗屁!!"凯文说:"停止吧,崔妮蒂。即使你很难过,我仍然是你的父亲,我们不应该那样说话。"然而,崔妮蒂似乎已经完全失去了控制。她关上窗户,继续大喊大叫,并且咒骂人。

凯文试图无视她,直到她对他说:"好吧,我知道你的想法了。但这最好是最后一次。祝你愉快!"凯文提醒她,他们的计划不是一次性的,他说:"妈妈和我会继续下去,因为这是我们的决定。"这似乎是压垮崔妮蒂的最后一根稻草。她大吼着别人听不懂的东西,冲进凯文的家庭办公室,把凯文的东西从他的桌子上扫下来,扔在地上。凯文走进来说:"崔妮蒂!!你在干什么?!快住手!"崔妮蒂手伸向其中一个架子,凯文冲过去抓住她的手,这时她踢了他一脚。凯文很震惊,崔妮蒂自己似乎也对自己的行为感到吃惊。她离开房间,回到了自己的卧室,砰地关上了门。那天下午晚些时候,当内瓦娅回到家时,她也对所发生的事情感到震惊。这对父母都想知道他们打开窗户是不是一个错误的决定。

凯文和内瓦娅接下来应该做什么?他们试图减少顺应的做法导致了令人不安的事件,崔妮蒂采取了异常的攻击方式回应。她对父母大喊大叫,咒骂,威胁他们,甚至踢她的父亲——这是她以前从未做过的。不出意外,这对父母想知道他们不同意继续顺应,试图打开窗户的做法是否错了。他们当然不想把焦虑的女儿变成既焦虑又暴力的女儿。他们应该怎么对待她的行为呢?他们能忽略崔妮蒂的行为太过粗暴这一事实吗?这种行为难道不会有什么后果吗?如果他们不考虑后果,他们不是在容忍暴力和脏话吗?

如果孩子对你的不顺应计划有激烈反应,不要太惊慌。还记得第1章和第10章中我们讲到"战或逃"的"战斗"部分吗?崔妮蒂不是突然变成一个在任何情况下都会表现出攻击性的暴力女孩。如果你的孩子有典型的攻击性,这是一个持续存在的问题,那么减少对他焦虑的顺应可能不会解决攻击性问题。但如果你的孩子平常不具有攻击性，而且这种行为也不典型，那么减少顺应不太可能让他变得攻击性。更有可能的是，孩子只是用这种方式，对你决定推翻他的愿望做出反应，因为你的决定让他感到焦虑或恐惧。

随着时间的推移，继续按照计划减少顺应不太可能会让孩子更具有攻击性。事实上，恰恰相反。如果因为孩子的攻击性而中止计划，更有可能导致孩子未来做出更激进的行为。为什么会这样？因为你的孩子会意识到，表现出攻击性是改变你行为的有效方式。这是在告诉你的孩子，暴力和攻击性是迫使别人按他的想法做事的方法，这肯定不是你想要教会他的东西。

你应该惩罚孩子的攻击行为吗？

惩罚孩子对顺应改变做出的攻击性反应是没有用的。惩罚的目的是为了减少某种行为重复发生的可能。就减少顺应所引起的攻击性反应来说，你不需要通过惩罚来达到这个目标。如果你不顾孩子的行为，继续执行你的计划，他会发现这样做是行不通的。当孩子越来越习惯你行为的变化时，他就不会再有如此强烈的反应。他的焦虑将会下降，而攻击性很可能会自行停止。

请记住，孩子是对你所做的事情有攻击性反应。沮丧和焦虑都会导致攻击性。你的孩子很沮丧，因为他的期望没有得到满足，他很焦虑，因为他的焦虑问题正面临挑战。孩子会期望你像过去那样行为很正常，你不再那样做会让他感到沮丧。然而，一旦你坚持了几次，你的孩子将不再期望你会顺应，当你不那样做的时候他就不会那么沮丧。当他习惯了新的情况，并且能更好地调节自己的恐惧时，他也会不那么焦虑。这将使他不太可能采取攻击性，即使你没有惩罚他。

这里有一些短句，你可以用来提醒自己你的目标和保持冷静：

- 孩子这样做是因为他很焦虑。而我不想惩罚他的焦虑。
- 孩子很快就会习惯的——不会永远这么艰难的。
- 我想把注意力放在焦虑上,而不是不良行为上。
- 尽管这很难,但我仍然在帮助孩子。
- 通过保持冷静,我可以向孩子表明一切尽在我的掌握中。
- 通过保持冷静,我向孩子表明,我不怕他的焦虑。

但是下次呢?你的孩子不会再采取攻击行为吗?

很有可能孩子会再次采取攻击性,但正如接下来的内容所解释的,你可以做一些事情来减少发生的可能性。

不要争吵

回顾一下,当崔妮蒂回到家,发现窗户是开着的时候,她和凯文之间的互动。崔妮蒂立刻感到沮丧和生气,但她没有直接去父亲的家庭办公室把东西扔在地板上,也没有立即变得肢体上有攻击性。有一个过程导致了这些行为。一开始,为了向她父亲展示她有多生气,崔妮蒂说了一个不好的词,她知道肯定会得到他的反应。他回应她,提醒她这个不顺应的计划,并告诉她不要说脏话。接下来,崔妮蒂重复了几次这个词,凯文再次斥责了她。崔妮蒂继续愤怒,当她要求他们不要再把窗户打开时,她的父亲告诉她,他们打算继续下去,这时崔妮蒂采取了下一步,攻击了他的办公室。凯文试图阻止,在他试图阻止她造成更多的破坏和崔妮蒂踢他的时候,冲突达到了极点。

如果凯文换一种做法,有没有可能让情况以没那么有攻击性的互动结束?也许吧!凯文可以选择根本不回应崔妮蒂。在互动过程中的很多时刻,凯文可以选择不去争论。回想一下第 10 章中的乒乓球比喻,以及父母是如何选择不玩的。当崔妮蒂要求她的父亲保证他们不会再打开窗户时，她显然是在挑战他，说："这最好是最后一次。"凯文和内瓦娅已经把他们的计划告诉了崔妮蒂（并表明了他们采取行动的意图），没有必要再次提醒她。凯文可以选择完全无视这句话，而不是接下这句挑衅。凯文也可以选择不去责备崔妮蒂的脏话。凯文可能觉得他有责任告诉女儿不要诅咒发誓，但在那一刻指出她不该说脏话，他也是在继续争论。那一刻不处理孩子的脏话问题并不意味着永远都不处理。如果凯文觉得这个问题很严重，他可以之后再回到这个问题，那时候就不会延长关于顺应的争论。但最好是忽略它，而选择专注在焦虑上。

即使崔妮蒂把凯文的东西扔在地上，他的反应也可能导致孩子表现出更多的攻击性。当他走进办公室时，她已经攻击了他的桌子，他斥责崔妮蒂，告诉她"快住手"。这最终产生了与他想要的相反的效果，导致崔妮蒂也破坏了他的书架。最后，尽管踢她父亲对他们俩来说都是一种令人震惊的行为，但只有当他抓住她的手臂阻止她时才会发生。

这里重点不是为崔妮蒂的行为责怪凯文。他的反应是合理的，而她的行为也不是他的错。但选择不争吵可能会导致冲突升级和攻击性比实际发生的要少。如果你的孩子有攻击性反应，问问自己你是否真的有必要做出回应，或者你其实可以简单地忽略这种行为？试着在冲突达到沸点之前注意到冲突的升级，你可以选择不参与冲突。如果你能在事态升级之前退出，那么就有机会避免这些事情发生。

专注于你的行为

减少攻击性，是关注你自己的行为而不是关注孩子的行为的最大优势之一。如果你没有提供顺应，你在这种情况下的任务就完成了。如果重点是孩子的行为，那么你就无法成功地结束这种情况，直到你确保孩子做了你所期望的事情。那么你就别无选择，只能争吵起来了。但是请记住，你并不是想让你的孩子做些什么。凯文没有必要和崔妮蒂争吵，因为他不需要她做任何事情。当然，凯文希望他们的计划能让崔妮蒂最终不再那么担心空气质量，不再避免打开窗户。然而，目前这个计划还不涉及崔妮蒂。在自己打开窗户后，凯文已经完成了他的计划，没有必要与崔妮蒂争吵。当崔妮蒂挑衅他永远不准再打开窗户时，选择不回应她，不会让这种情况失败。

获得一些帮助

如果你担心你不顺应的时候孩子会有攻击性，可以考虑寻求其他人的帮助。下次你实施计划的时候有其他人在身边，事情就不太可能会变得失控。大多数孩子在其他人面前会表现得比在父母和兄弟姐妹面前要好。当更多人看着我们时，更加压抑自己是人的天性。你可以邀请一个朋友、亲戚或邻居过来吗？你可能会发现，有其他人在场也会帮助你不去升级冲突。

你可能会对寻求别人的帮助感到不舒服，或者说，你可能会对你孩子的行为感到尴尬，这是可以理解的。试着想想你信任的人，向他们解释你和孩子正在经历一些困难的事情，而他们可以提供帮助。如果是你的朋友向你寻求帮助，你会想帮助他吗？或者你会评价他们遇到挑战吗？大多数人都很乐意能被请求帮忙。他们会对这个请求感到荣幸，钦佩那些努力帮助孩子克服挑战的父母。通过努力帮助你的孩子减少焦虑，你在做一些值得称赞的事情。

即使当你减少顺应时，没有其他人在你身边，如果你的孩子反应激烈，其他人仍然可以帮助你。让认识孩子的人和他谈谈，告诉他他们理解应对恐惧或焦虑有多困难，但他们也知道他表现得很激烈。如果孩子收到了一个支持他的信息，表明他没有受到批评或指责，但是其他人知道这种攻击性并很担心，他就不太可能重复这种行为。

孩子太难过了，这感觉就像在折磨你！

看到你的孩子有多么痛苦是如此难受！你爱你的孩子，希望他感觉良好。但正是你在让他感到不舒服，这感觉像是在折磨你，这并不奇怪。记住，作为父母，你的大脑能够识别孩子感到焦虑的迹象，并想要保护他们。再回想一下焦虑是如何控制孩子良好的恐惧系统，并使它成为问题的。同样的事情也会发生在作为父母的你的身上。你自然而然地想要帮助孩子减少压力或焦虑的渴望，实际上会妨碍你帮助孩子变得不那么焦虑。

焦虑：有起必有落

还记得第11章中的安吉丽娜吗？她把有分离焦虑的孩子多米尼克留在家里，在外面待了十分钟。这十分钟对安吉丽娜来说可能就像是一个小时的折磨。但当她回到家时，她的儿子已经平静多了，她可以表扬他第一次独自一人待在家里。你的孩子的痛苦可能不会在十分钟内过去，但它终将会过去。俗话说，有起必有落。当孩子的焦虑水平上升，他的大脑激活了战或逃系统时，他的身体也在努力降低这些焦虑水平。焦虑下降的速度比上升的速度要慢得多，所以可能需要一段时间你的孩子才会再次平静下来，但他会平静下来的。

红绿灯

每当有父母对我说"我的孩子的恐慌会持续数小时"或"我的孩子会哭泣、哀求数小时"时，我脑海里出现的第一个问题是：在那些小时里你在做什么？这些父母几乎总是试图帮助他们的孩子冷静下来，或者跟孩子解释为什么父母不顺应。这看来矛盾，但当你不顺应的时候，相比让孩子自己应对焦虑，大多数你为了帮助孩子感觉更好而做的事情，实际上只会让他保持更长时间的焦虑。不是因为你所做的事情会引起焦虑，而是因为只要你想去帮助孩子，他就会更难接受你不顺应的事实。

如果你的孩子一再要求你提供顺应，那么继续告诉他"不"很可能会延长讨论的时间，并加剧他的焦虑和沮丧。在第 10 章中，我用了一个争论的例子，就是给孩子买一块昂贵的劳力士手表的例子，来说明孩子很可能相信只要你在争论，你就有可能改变主意。你所做的帮助他停止某种行为的事情可能会产生相反的结果，这可能看起来很奇怪，但实际上，这种事情经常发生。

试想一些常见的事情像红绿灯，它的工作原理非常简单。红绿灯告诉司机什么时候走，什么时候停车，什么时候减速，因为信号即将改变。我们知道红色的意思是"停"，绿色的意思是"走"，但是黄色呢？如果你正在接近一个十字路口，而灯是黄色的，这个信息应该是"慢点，因为你无法通过"。但你有没有注意到，许多司机在看到黄灯时不会这样做？当灯是黄色时，司机通常会加速，这与灯发出的信号正好相反（而且经常会导致闯红灯）！有时候，你可能自认为给了孩子这个信息，而事实上，他听到的却是相反的信息。你持续的反应可能就像黄灯一样。如果你的孩子很难接受你不再提供顺应，那么反复告诉他你不会顺应或做其他旨在帮助他感觉更好的事情，实际上可能会让这个过程更漫长、更困难，因为孩子把你的反应解释为继续的信号，他会加速而不是放慢速度。

限时的实验

看着你的孩子陷入困境可能会很难，但它不会永远持续下去。即使你减少顺应的计划根本不起作用，在某个时候你也必须尝试别的方法。研究表明，以一种支持性的方式减少你的顺应，很可能会帮助你的孩子变得不那么焦虑，但如果没有任何积极的作用，继续下去是没有意义的。所以把你所做的事情看作是一个有时间限制的实验。你能练习一段时间你的计划吗？做一两次并不会真正改变，但你能做一个月吗？三个星期呢？如果你提醒自己，你不必永远这样做，而且孩子可能很快就不会那么焦虑，那么现在可能会应对起来更容易。

是你的痛苦还是孩子的痛苦？

有没有可能，你所感到的不适是因为你太担心你的孩子，而不是因为他太痛苦了？你还记得你的孩子很小的时候带他们去医生办公室打针吗？许多父母能生动地回忆起这次经历，因为这太困难了……对他们来说。想象一下，一个害怕针头的父母带着他的孩子去打针。这位父母震惊于让他的孩子接触如此可怕的事情。他习惯于看到针头如此可怕，以至于他可能会觉得不像是医生给婴儿打一针，而更像是医生把婴儿喂给狮子！想想这位父母坐在椅子上是什么感觉，紧张而僵硬，好像是坐在电椅上，紧紧地抱着孩子。打针客观上可能会不舒服，每个注射相同针剂的婴儿都可能感到一些不适。但这种经历感觉更糟糕，不是因为孩子有什么不同，也不是因为这个针更疼，而是因为父母觉得他似乎在做什么可怕的事情。

如果你的孩子似乎因为缺少顺应而感到痛苦或心烦意乱，问问你自己，你所经历的事情与你对孩子的焦虑情绪有多少关系。如果你和你的伴侣一起制订这个计划，或者即使你的伴侣没有参与这个计划，你也可以考虑问问他，他认为你的孩子有多痛苦。他想的一样吗，还是他跟你有不同的看法？不管谁的看法更对，仅仅听到一个不同观点都可能改变你对孩子经历的看法。你甚至可以考虑问问孩子自己。一旦他平静下来，不再那么沮丧，你可以问问他，他认为那段经历有多糟糕。（当他陷入焦虑状态时，不要问他。答案显而易见，而且很可能并不准确。）你可能会惊讶地发现，你的孩子并不认为它像你想象的那么糟糕。

获得一些帮助

经历一些艰难的事情总是一个挑战,但独自去做会让事情变得更困难。如果你知道不顺应会给你的孩子带来很多痛苦或不适,试着依靠能帮助你度过艰难时刻的朋友或亲戚。让他过来,或者和他打电话,都可以给你提供支持。

如果你不顺应,孩子就威胁要伤害自己

没有什么比孩子说要伤害自己更能吓到父母的了。孩子伤害自己的念头是每个做父母的噩梦。如果你的孩子威胁说,如果你继续这个减少顺应的计划,他会伤害自己,你可能会感到害怕、担心,甚至生气。因为你非常关心孩子的安全,所以感到害怕是很自然的;因为你感觉到自己被操纵了,所以感到生气也是很自然的。你也可能不确定是否要继续执行计划,以及这是否会让你的孩子处于危险之中。

在你阅读关于如何应对自残的威胁之前,有几件重要的事情你需要知道:

1. 关于自杀和自残的**言论**在儿童和青少年中是相当常见的。这样的言论可能反映了一种实际的想法或以自残的方式来行动的意图。它们也可以用来表达孩子的感觉有多糟糕,或者迫使他们的父母按照孩子的意愿行事。
2. 自残的**想法**在年轻人中也很常见。大多数想到或谈论到伤害自己的儿童和青少年不会真的去这样做,但在某些情况下,这些言论可能表明他们有真正的自残风险。

3. **自杀**意图和**自杀**确实会发生在儿童和青少年身上。自杀是导致青少年死亡的一个主要原因，近年来自杀的死亡率一直在上升。因此，绝对不要无视自残的威胁。如果你的孩子威胁要自杀或伤害自己，你应该重视这种威胁。即使孩子只是在对你生气的时候或者因为你没有顺应的时候发出这些言论，而且自残的实际风险很低，你仍然要严肃对待此类威胁。

然而，严肃对待孩子的威胁，并不意味着你要停止减少顺应的计划。它意味着你要尽最大努力确保孩子是安全的。如果你担心孩子的安全，你应该做的第一件事就是亲自寻求专业的帮助。你可以咨询儿科医生或去看精神科医生。或者，如果这种担忧很急切，你可以挂医院的急诊科来得到帮助。一旦你帮助孩子弄清楚了他的风险水平，你就可以继续尽最大努力确保他的安全。你也可以继续帮助孩子克服焦虑的问题。减少孩子的焦虑是很有积极意义的，它可以降低现实生活中孩子自残的风险。

迪隆今年 16 岁，一直在与强迫症作斗争。他的父母，安迪和摩根，正试图减少他们总是按照迪隆的强迫症在家里安排物品的顺应。他们决定从不再总是把书按字母顺序放在书架上开始。他们知道迪隆可能会按照顺序"修复"他们放在架子上的任何东西，但他们决心向他表明，他们相信他可以克服强迫症。摩根和安迪对迪隆的反应感到惊讶。前两次，他只是重新排了排书，但第三次，他告诉他们，他们必须停止，因为他不能接受。他从厨房里拿起一把大刀，放在胸前，说："看见了吗？如果你们继续，这就是你们逼我做的事。"

摩根和安迪既惊讶又不安。安迪发现这种威胁特别令人不安，因为他的家族有自杀史。他的叔叔几年前自杀了，然后他的儿子，安迪的表弟，也自杀了。虽然安迪自己从来没有自杀的想法，但他担心家族中有自杀的倾向，他的孩子可能有危险。看到迪隆拿着一把刀抵着自己的胸部，听到他说如果父母不能顺应他的强迫症状，他就会自杀，安迪深感震惊。摩根也很担心，但她不认为这种威胁反映了孩子有真正的自杀意图。她知道迪隆意识到了他父亲的恐惧，她相信迪隆是在通过打"自杀牌"来操纵他的父亲。这对父母都认为，他们不能简单地忽视儿子说的话。

第三天，当迪隆从学校回家时，他的祖母科琳也在。他不知道她是有计划的拜访，很高兴看到她。科琳热情地和他打招呼，但随后她的脸变得严肃起来。她说："迪隆，我知道你一直在应对强迫症，我很抱歉你正在经历这些。我还从你父母那里听说，昨天你威胁要用刀伤害自己。我想让你知道，每个人都非常关心你，因为这是一件很严肃的事情。我今天要待在这里，帮忙照看你，确保你的安全，直到你的父母回来。明天，你爷爷会过来。我们爱你，我们想确保你没事。"

迪隆吃了一惊，也有点尴尬。他脸红了，对祖母说："你不需要那样做。"科琳问他为什么认为她不需要在那里，他告诉她他不会真的会伤害自己，他只是生他父母的气。科琳说："我明白了，迪隆，我很高兴听你这样说。但如果有人说他们会刺伤自己，这是我们不能忽视的。这太严重了，所以我还是要留下来确认一下。"科琳每十分钟检查一次迪隆的情况，每当他关上房门的时候就敲一下门，说她只是想确认一下他是否还好，直到他父母回来。当摩根和安迪回到家时，迪隆让他们告诉他的祖父他没有必要第二天来，他说："我不会真的这么做的。"但这对父母重复了科琳所说的关于他发出的威胁的严重性的话："护你的安全是我们的责任，如果你威胁要伤害你自己，我们别无选择，只能严肃对待它。这不是那种你以为只是说说而没有任何意义的事情。"

安迪和摩根那天继续他们的计划，不按照顺序把书放在书架上。迪隆看着它们，似乎很不高兴，但他没有再次威胁要自残。第二天，祖父过来待了一个下午，迪隆也告诉他，他实际上并不想伤害自己。祖父给了他一个拥抱，并说："哦，我知道，但你真的认为你的父母会忽略那样的事情吗？你了解他们的。还有迪隆，我打赌你很快就会战胜强迫症，我支持你。"

摩根和安迪找到了一举两得的方法：他们既采取行动保护了儿子的安全，也继续通过减少顺应来帮助他克服强迫症。当迪隆威胁说，如果他的父母不按字母顺序排列这些书，他就会伤害自己时，他是在告诉他们，他们必须做出选择：他们要么恢复提供顺应，要么冒着他伤害自己的风险。如果这真的是二选一的选择，那么摩根和安迪就不会觉得他们有别的选择。当然，他们不会答应把迪隆置于危险之中。但他们意识到，这些并不是唯二的选择。他们迅速制订了一个计划来监控迪隆，既是保护他的安全，也是向他表明他们认真对待这个声明。与此同时，这对父母能够继续他们不顺应的计划，也不必放弃帮助迪隆克服强迫症。

如果你的孩子威胁要伤害自己，你不必在安全和不顺应之间做出选择。问问你自己要怎么样才能保证孩子的安全，然后就这样做。你也可以像摩根和安迪一样，请朋友和亲戚来帮忙照看孩子，以确保你的孩子没事。如果你的孩子像迪隆一样收回了威胁，继续执行你的安全计划是明智的。这将帮助你的孩子了解到，他做出和收回伤害自己的威胁不是没有后果的，并让他不太可能在将来再次使用威胁。

你也可以带着你的孩子去急诊室，并解释你们去那里是因为你的孩子发出了自残的威胁。医院已经习惯于看到那些发出类似威胁的儿童和青少年，他们不太可能认为你的孩子处于高风险之中。如果出发去医院，即使你的孩子在路上就收回了威胁，你最好还是去医院。

另一件值得注意的事情是，关于迪隆的家人如何回应他的威胁，同时也是一种支持性的回应。他没有因为威胁父母而受到指责、批评或惩罚。每个人都明确告诉他，他们明白应对强迫症对他来说是多么的困难，他们是出于爱，而不是愤怒。迪隆可能宁愿他们不要照看他，但他知道他们这样做是因为他们关心他。如果迪隆真的感到抑郁或有自杀倾向，那么得到家人如此多的照顾可能会降低他自残的风险。

本章你学到了：

- 应对孩子的攻击性反应
- 应对孩子的痛苦反应
- 应对孩子的自残威胁

第 13 章
克服困难——处理与伴侣合作时遇到的问题

你和你的伴侣没有达成一致

如果你和你的伴侣在如何做才是应对孩子焦虑的最好方式上有分歧，或者你们因为没有以同样的方式或同样的程度来实施计划而对彼此感到挫败，你猜怎么着？你们和大多数其他的父母一样！你可能认为父母应该在同一战线，向你的孩子展示统一的、一致的养育方法。如果情况是这样，那就太好了，但实际上大多数家庭不是这样的。一起有个孩子并不像"瓦肯心灵融合"，即两个人通过心灵感应融合成一个实体。你们是两个人，有不同的思想和想法，不同的态度和方法，不同的个性，以及处理问题的不同方式。毫不奇怪，大多数父母都有分歧，他们会因为不同的行为或想法而感到沮丧。

然而，你们也有一些共同之处。例如，

- 你们可能都希望孩子能够更好地应对，减少焦虑，过一种不受焦虑问题影响的生活。
- 你们可能也想帮助孩子实现这些目标。

请记住，即使你的伴侣可能不同意你的观点，或者行为与你不同，他可能和你一样想要做到以上这些事情，这种理解可以帮助你保持更积极的态度，帮助你把激烈的争论变成一个更有建设性的过程。试着问问你的伴侣，他想要实现什么，他想要做什么，你可能会发现，你们之间的距离并不像你想象的那么远。

孩子的焦虑问题，有可能真正触发父母的不同，放大分歧、沮丧和冲突。当你不必面对焦虑的孩子时，分歧就存在（但不是那么重要），但当你的孩子焦虑时，它会成为日常冲突的来源。这就像是在资金充裕的情况下，关于如何管理预算的意见分歧会有点令人恼火，但在经济紧张时，这种分歧可能会成为真正冲突的来源。当有足够的钱来满足每个人的优先事项时，那么"浪费"在你伴侣的目标上的钱只会有点令人恼火。但当资金紧张，支出成为一种非此即彼的情况时，每个决定都有可能出现分歧。

不难看出，为什么一个非常焦虑的孩子的存在，会让如何应对焦虑成为父母之间的主要分歧。孩子的焦虑会对孩子的生活产生很大的影响，这让父母深切地关心这个问题，导致的分歧更加令人心烦意乱。孩子的焦虑也会影响父母和其他家庭成员的生活，导致更多不和谐。如果你的孩子非常焦虑，他可能需要你通过顺应或其他方式来频繁做出回应。这意味着你经常要做很多关于如何处理焦虑的决定，并且有很多机会以这样或那样的方式做事情，因此很容易看出分歧是如何影响你们的。

内疚和责备也会导致焦虑问题成为一个特别敏感的话题。如果你认为是你导致了孩子的焦虑，或者如果你认为是伴侣的行为导致了孩子的焦虑，那么谈论焦虑和应对焦虑就变得困难多了。或者，如果你觉得你的伴侣为孩子的焦虑责怪你，你很难不会感到受伤、生气或愤慨。所以，如果你发现按照本书的步骤与伴侣一起实践，或者应对一般的焦虑，会给你们的关系带来一些压力，也不要感到惊讶。

我遇到过很多孩子焦虑的父母，我知道这些父母没有多少共同之处。焦虑的孩子有各种各样的父母：经济富裕的和困难的，受过高等教育的和没有受过高等教育的，严格的和宽容的，充满爱的和严肃的。

真的没有一个家庭"类型"适合有焦虑的孩子。然而，我一次又一次地看到的，有一个焦虑的孩子对父母的合作能力是多大的挑战。这并不意味着，父母找不到合作的方法，或者如果你和你的伴侣不完全一致，你就无法帮助你的孩子。如果是这样，那么大多数父母都帮不上他们的孩子了。或者换句话说，如果本书所描述的步骤只对那些总是意见一致的父母有用，他们在一起制订计划没有困难，能完美和谐地执行计划，那么这本书不会真的很有帮助。幸运的是，事实并非如此！

你可以采取一些措施，围绕孩子的焦虑来改善你们之间的合作关系。即使你最终还是不赞同，而且你意识到如果没有伴侣的配合你还会这么做，那么你仍然可以帮助你的孩子。所以，尽量去尝试这些建议中，那些帮助其他父母克服合作困难的东西。

葛丽塔和路易斯都觉得受够了。他们的儿子保罗8岁了，已经在他们的床上睡了一年多。当保罗六七岁的时候，当他睡在自己的床上的时候，似乎只是一个很短暂的时期。他有时会在清晨来到他们的房间，但大部分时间他都躺在床上。然后他开始来得越来越早，很快他就整夜待在父母床上过夜。葛丽塔和路易斯仍然把保罗放回自己的房间里睡觉，但他独自躺在床上会感到害怕，几分钟后他就会来找他们。如果他的父母还没有睡觉，他就会哭，父母其中一个就会陪他待在他的房间里，直到他睡着。他们试着在他房间里放一盏夜灯，但没有用。他们的一个朋友建议使用一台噪声消除机，但这也没有用。不管他们怎么做，保罗都觉得不能独自一人，他坚持没有他们他就睡不着。葛丽塔试着和保罗待在他的床上，但床很小，她觉得如果她必须陪着保罗，还不如和保罗躺在自己的床上。

保罗的焦虑影响了他父母的关系。他们觉得好像没有地方属于自己了，即使结束一整天的工作和照顾三个孩子之后，他们也不能放松或有时间在一起。他们对彼此也越来越沮丧。他们知道保罗躺在床上确实感到害怕，但他们对如何处理这件事有不同的想法，他们的一天似乎总是夹在愤怒和分歧之间。路易斯躺在床上感到生气，当他们早上醒来而保罗就在他们旁边时，这种感觉经常会演变成争吵。

路易斯认为，他们作为父母的责任就是制定规则，而保罗必须遵守这些规则，即使他不喜欢。他确信，如果保罗不被允许上他们的床，他会习惯的，但路易斯看到随着时间的流逝，没有任何变化。"你想让他十岁时还睡在我们的床上吗？"他会问："还是十五岁呢？！"路易斯曾几次试图让保罗离开他们的房间，但他觉得葛丽塔总是破坏他的努力。当保罗来到他们的房间时，他的妈妈总是会让步，允许他留下，即使路易斯告诉孩子他必须待在自己的床上。路易斯觉得葛丽塔不仅是在阻碍保罗克服他的恐惧，她还破坏了路易斯作为家长的权威。

葛丽塔认为路易斯不讲理。"如果不让他来我们的房间，当然他能活下来，"她承认，"但那对他会产生什么影响呢？他会看到，即使我们知道他很害怕，我们也不愿意帮助他。"葛丽塔还认为路易斯对她不公平。当他知道她不同意他的意见时，他还制定规则并希望她同意这些规则，这不太对。"我不想削弱你的权威，"她对路易斯说，"但你不能只是自己做决定。我希望我们的孩子害怕的时候能够依靠我们，而不是躺在床上以为没有人在乎他。"但路易斯觉得她没有给他选择。"如果你永远都不愿意做出改变，那我怎么能和你一起做出决定呢？我完全赞成要一起做决定，但你根本都不尝试！这就是为什么一年半了，保罗还在我们的床上。加布里埃尔比他小一岁，她都能和朋友们在外过夜。保罗不能过夜，因为他不愿意睡在没有我们的床上！这就是让他待在我们床上对他的帮助。"

与伴侣沟通的几个技巧

你选择了合适的沟通时间吗？

路易斯和葛丽塔还没有找到一个他们可以达成一致的计划，这并不奇怪。他们关于保罗焦虑的交流似乎大多数发生在他们对保罗和彼此最沮丧的时候。当路易斯早上醒来，感到烦恼和生气时，他想谈论这个问题是很自然的。但这种感觉可能会导致他的沟通比他平静时更加充满敌意和冲突。不幸的是，在早上进行一些没有成效的谈话或争论，实际上会让父母双方都不太可能想在其他时候谈论这个问题。考虑到父母双方都不喜欢这些争论，因为争论没有产生任何积极的结果，路易斯和葛丽塔可能不想有更多的争论。所以，他们会避免在其他不那么沮丧的时候谈论这个问题，并把这个问题抛在脑后。但这种循环仍在继续，因为下次他们中的一个感到太沮丧而无法忽视的时候，会再次提出来，可能还会有另一场无效的争论。一年多过去了，这对父母都没有一起制订计划，这一点都不奇怪！

如果你很难和你的伴侣谈论孩子的焦虑，想想你应该在什么时候尝试讨论：

- 你们是在生气、沮丧或压力很大的时候讨论这个问题吗？还是在你有压力，要马上做出反应的时候？如果是这样的话，这就不太可能是一个很好的对话了。
- 也许你们主要是在你们其中一个回应对方不同意见的时候对话？这并不是一个关于制订计划的对话，它更有可能是一个关于谁对、谁错的争论。

当你们俩都没有压力，也没有感到沮丧或生气的时候，试着留出一段时间来讨论这个问题。谈论这个问题可能会引起这些感觉，但如果你们一开始感到平静，你们更有可能进行一次有成效的对话。就像路易斯和葛丽塔一样，你也可能更愿意避免谈论这个问题，除非你真的不得不这么做。留出一段时间来讨论它可能会增加你们的负担。但无论如何还是试试吧。如果它能帮助你进行一次更有成效的对话，那么你就会觉得它是值得的。

远离指责

父母的一方很容易指出另一方所做的事情，是导致孩子焦虑的原因，或者是孩子没能克服焦虑的原因。但实际上，这可能是错的！当一个孩子有焦虑问题时，在绝大多数情况下，并不是因为父母做了什么或没有做什么。（当然，极端的消极养育方式对孩子的心理健康有害。例如，虐待和忽视可能会导致儿童的焦虑和其他问题。但是焦虑儿童的父母通常并没有虐待也没有忽视。）正如第 1 章中所提到的，你焦虑的孩子很可能是由于生物因素和完全超出你控制范围的其他因素而产生高水平的焦虑。所以，尽量远离那些没用的对伴侣的责备和羞辱。如果在谈论焦虑时，你表达了你试图把孩子从伴侣的错误中"拯救"出来，那么你的伴侣会感到受到指责，就更有可能防备你或者指责回去。然后，进行一场有成效的对话的机会就大大减少了。当路易斯告诉葛丽塔，保罗的焦虑让他无法在外过夜，"这就是让他待在我们床上对他的帮助"，暗指葛丽塔不愿意遵循路易斯的计划是保罗仍然焦虑的原因。当路易斯问她是不是希望保罗 15 岁时还在他们床上睡觉时，路易斯暗示她的选择可能会对保罗的未来造成伤害。毫不奇怪，所有这些指责并没有让葛丽塔更愿意和路易斯一起制订计划。同样地，当葛丽塔提到关于路易斯不允许保罗躺在他们床上的计划，问他："那对他会产生什么影响呢？"她似乎是在暗示路易斯的计划是有害的，会伤害孩子。这可能会让路易斯不太愿意与她合作。即使你把矛头指向自己，指责仍然是不对的，没有帮助的，而且自责会让父母更难一起有效地工作。

但是家庭顺应不是不好吗？

你是否觉得好像你的任务是确保你的伴侣不顺应？如果你读到这里，你就会知道，家庭顺应是一个对克服儿童焦虑没有帮助的因素。当然，这并不意味着家庭顺应是孩子焦虑的原因。毕竟，如果你的孩子不焦虑，你可能就不会顺应太多，不是吗？家庭顺应是父母应对焦虑的方式，但不是导致焦虑的原因。关于顺应，重要的不是它是不是让孩子焦虑——甚至让他保持焦虑，而是通过减少顺应，孩子可以变得不那么焦虑。即使随着时间的推移，顺应确实会引起孩子的焦虑，但它也只是影响孩子焦虑过程的众多因素之一。随着你越来越意识到自己的顺应，努力减少顺应并用支持代替它对你是很有帮助的。但你的任务不是管理你伴侣的顺应。记住，顺应焦虑的孩子是几乎每个父母都会做的事情。

保持尊重

我们对人们告诉我们的事情的反应方式，既取决于他们说话的方式，也取决于他们说的话。你有没有注意到，对某件事进行长时间的争论，觉得自己有决心表达观点，不惜一切代价表达它，但后来又意识到你甚至不太关心整件事？或者，有时你会强烈地否认犯了错误或做错了什么，但有时却能毫无困难地承认错误，甚至一笑带过？为什么会这样呢？有时这与你碰巧所处的情绪有关（这就是为什么选择合适的说话时间很重要），有时这与你如何听到别人说的话有关。例如，

- 他们是尊重你还是想要打败你？
- 他们是在乎你的观点，还是只在乎他们自己的观点？
- 是不是他们认为自己比你知道的多？

这种感觉会使人处于"争论模式"。当我们处于争论模式时，我们的重点不是倾听对方，考虑对方提出的观点，而是为了赢得争论。当我们出于争论模式时，我们不是以一种理解他人思考的方式去倾听他们在说什么，而是为了我们可以找到挑战和反驳的对方的弱点。当你为了好玩而说话时，争论模式还好，但是当你想知道如何帮助你的孩子时，争论模式毫无意义。当你意识到与你交谈的人并不真正重视或考虑你的观点时，你会感到很沮丧，而你可能会想要彻底结束谈话，因为它看起来毫无意义。

如果你觉得你和你的伴侣关于孩子焦虑的对话有了这种令人沮丧的感觉，或者你的伴侣采用争论模式和你说话，试着向他表明你重视他的想法，尊重他的意见。你可能会发现，如果你向伴侣表明，你不认为你的观点是最好的，那么你的伴侣会更愿意考虑你说的话。

保持专注

当夫妻之间有了分歧，很难只关注一件事。父母有很多需要一起完成的事情，他们在如此多方面所做的事都会影响对方，以至于事情往往会蔓延到彼此身上。关于一件事的讨论很容易演变成关于任何其他争论或不满的对话。然而，这确实产生了不好的影响。因为任何对话都不太可能解决所有的问题，所以在结束讨论时，我们很难感到开心或不恼火。

想象一下，你因为牙痛去看牙医，同一天，你也感到身体不舒服。牙医可能在解决牙齿问题上做得很好，但你仍然感觉很糟糕。这是否意味着去看牙医是在浪费时间？或者是牙医做得不够好？当然不是，牙医只是解决了一个问题，而不是你所有的问题。如果你特别专注于牙齿上面，你可能会很高兴你处理好了这个问题。但如果你同时专注于每件事，并认为"是的，但我仍然感觉很糟糕",那么你可能会对一些问题仍然存在而感到失望。

这种"是的,但"的想法经常在父母之间的谈话中发生。你在说一个话题,然后……"是的,但是另一件事呢?"看起来为这个话题找到一个计划似乎毫无意义,除非你对所有问题都有解决方案,但这不可能。有一个你们都赞成的好的计划,不仅是一个巨大的进步,而且如果你能够执行它,那么它也会使你们在未来更有可能在更多的问题上面达成一致——每次达成一个。

试着将对话集中在如何帮助焦虑的孩子上,关注焦虑问题。事实上,只需要把注意力放在焦虑的一个特定领域,而不是所有会让孩子焦虑的事情上。如果你可以把其他事情放在一边,只专注于一个问题,那么,针对特定的事情制订计划可能会更容易。注意,将注意力集中在一个问题实际上可能比听起来更困难。试着注意那些"是的,但"的时刻,这时候有其他东西混入了对话中,听起来好像做这一件事并不重要。

支持意味着两件事

葛丽塔和路易斯对他们儿子独自睡觉的焦虑的态度似乎相差很大。葛丽塔觉得,保罗需要感到被他的父母理解和安慰,知道他们永远支持他,准备好帮助他。路易斯坚信孩子需要克服恐惧,要能够更好地独自应对夜晚。他们都觉得保罗没有得到他需要的东西。对葛丽塔来说,保罗需要的是理解和帮助,而对路易斯来说,保罗需要自己应对的界限和鼓励。起初,看起来这对父母似乎已经没有什么希望来找到他们的共同之处,或者制订能反映他们两个的目标的计划了。

回想一下,支持焦虑的孩子实际上意味着两件事:当父母能够对焦虑的孩子同时表现出接受和信心时,支持就会发生。当我们思考在保罗的例子中父母双方各自试图做到的成分时,就会明白他们所推进的正是支持性反应中既重要又必要的东西。如果缺少伴侣所寻求的成分，双方都不能真正得到支持：

- 没有信心——不像路易斯期望保罗自己应付，葛丽塔虽然接受并认可了保罗的恐惧，但她不能真正支持他。
- 没有接受——不像葛丽塔那样理解孩子真的很焦虑，理解孩子晚上独自躺在床上很困难，路易斯就无法提供完整的支持。

只有把父母双方试图传达给保罗的信息放在一起，才能得到完整的支持性信息。葛丽塔和路易斯认为他们陷入了冲突之中，互相对立，最终互相破坏。然而，现实中，保罗需要他父母双方的帮助，他们需要彼此来创造支持性信息。

如果你和你的伴侣发现，你们对如何应对焦虑的孩子意见不一，或者你们无法就如何行为达成一致，考虑一下你们是不是将支持信息分裂到你们两个人身上。通常情况下，当父母双方对孩子的焦虑存在分歧时，这是因为他们中每个人都专注于构成支持的因素之一。问问你自己，你的伴侣想要实现的是什么，或者更好的做法是，问问他！答案可能是你的伴侣并不想让孩子感觉更糟糕，或者不想孩子越来越焦虑。即使你认为你的伴侣一直在用错误的方式，或一直固执地不遵守你的规则，考虑一下你的伴侣想做什么可能是一个很重要的支持，这个支持是孩子为了克服他的恐惧所需要的。

尝试交换角色

当每个父母只关注一个支持要素时，花一点时间重新与另一个同样关键的支持信息建立联系，是很有帮助的。你和你的伴侣可以尝试"交换任务"——每个人在短时间内扮演对方已经完成的角色。如果你是一个一直专注于帮助孩子感到被接受和被理解的父母，试着花时间关注于向你的孩子展示你有信心，相信他可以处理某些时候的恐惧、担心或焦虑。练习告诉孩子，你确实相信他面对焦虑是坚强的，而不是无助的。或者，如果你所承担的任务是专注于让你的孩子应对他的恐惧，不要因为艰难而逃避那些事情，那么试着花时间向你的孩子表明，你确实理解感觉焦虑是多么困难。让他知道，你确实意识到，焦虑会让他感到多么不舒服。以下是一些父母问的关于交换任务的问题。

接受难道不是意味着同意孩子可以继续逃避应对吗？

完全不是。接受意味着你理解并承认孩子所经历的困难。接受某件事是很难的，它与赞成这件事不应该发生完全不同。即使你一直专注于应对的重要性，你也可以向孩子表明你意识到这是一件很困难的事情。

信心越多难道不意味着接受越少吗？

不是。对孩子有信心意味着向他表明你相信他可以忍受焦虑。而不是相信他会做什么或不做什么。（记住：这不是你可以决定的事情，也不是你计划的重点。）信心意味着你相信你的孩子能够忍受焦虑造成的痛苦，你知道他会没事的，即使有些时候他感到焦虑、害怕或担心。

你能一夜之间完全改变你的态度吗？

你不必完全改变！交换任务，你只需要做很短的时间，也许只有一两天。如果你尝试一次在孩子焦虑时，行为与你平时的不同，就可以证明这么做非常有用。也很可能，通过交换角色，你实际上并不是在做与你的想法相反的事情。如果你的重点是接受，那么你很可能确实想让孩子知道你相信他的力量和能力。如果你主要关注的是信心，你可能会意识到焦虑对孩子来说并不容易，你会想让他知道你理解这一点。

孩子不会对你反应的变化感到困惑吗?

也许吧,但那也没关系。如果你的孩子感到困惑,这只是意味着你在做一些不同于他所期望的事情。这不是坏事。如果没有不同,就不可能做得更好,不是吗?你交换任务的原因,不是为了让孩子感到困惑,尽管如果他对这个变化感到惊讶也是可以的。你这么做的原因都在于你。通过交换角色,采取接受而不只显示信心,或表达信心而不只显示接受,你就有机会重新连接支持的要素,你可能知道这很重要,但过去始终在展现另一方面的支持上存在缺失。

当父母中的一个觉得只有自己表达信心时,他会觉得从此以后他必须只表达出信心,否则,还有谁能表达呢?相反,如果你觉得你的伴侣没有表达对孩子的接受,你可能会习惯于你要尽可能多地只表达接受,否则你的孩子不会得到其他任何人的接受。通过交换角色一段时间,你们可以重新连接其他支持的要素。你们双方都有机会看到,伴侣有能力提供你认为他所缺少的支持的那一部分。你可能会发现,这种角色转换可以帮助你们想出一个支持性计划,并且你们会赞成一起实施它。

葛丽塔和路易斯交换角色一晚上会发生什么?

如果有一天晚上,路易斯决定集中精力帮助保罗在害怕的时候感觉更好,而葛丽塔的目标是帮助保罗待在自己的床上,那会是什么样子?保罗已经习惯了母亲安慰他,习惯了母亲令人安心的怀抱,他很可能会直接走到母亲的床边。但如果有一天晚上,葛丽塔告诉他:"我知道你有多害怕,但我想你可以躺在自己床上,你会没事的。来吧,我带你回床上睡觉。"路易斯可以坐起来说:"保罗,等等,让我先给你一个拥抱。我希望你能感觉好一点。"不管保罗最终是否睡在自己的床上,这个尝试可能会对父母双方都产生深远的影响。对路易斯来说，有机会拥抱保罗并安慰他，可能是非常有意义的，甚至是充满温情的时刻。对葛丽塔来说，向她的儿子展示她对他有信心，实际上可以帮助她从不同的角度来看待孩子。最重要的是，对父母双方来说，交换角色可以帮助他们重新连接他们的伴侣正在努力实现的重要目标。在互换角色一两个晚上后，父母双方可能会发现一起做事更容易了，也承认他们最终都在为孩子尽最大努力来帮助他。

你们有双方都赞成的计划吗？

在第 8 章中，你读到了一些关于哪些是减少顺应的好目标的内容。但是，即使这个目标符合所有这些特点，如果它会导致你和你的伴侣产生分歧，那这个目标也不是很好。一个不太理想的目标，也许因为它不那么频繁发生，或者因为在你看来它带来的影响没那么多，如果它是你们双方都同意的东西，就可能是一个更好的目标。如果你还不能就你认为最好的目标制订一个合作计划，试着看看是否有其他的目标，你们可以达成更多的一致意见。你可以倒退回去专注于其他顺应。你的孩子可能会做得更好，因为他的父母都能够以一种支持的方式一起减少顺应。所以，不要过分纠结于为一个特定的顺应制订计划，尽量灵活，即使这意味着采用一个更能反映你伴侣的观点而不是你自己的观点的目标。

关注你能控制的东西

到目前为止，你可能已经意识到，专注于那些你可以控制的东西，而不是那些你不能控制的东西，是本书中一个反复出现的原则。你不能控制你的孩子的行为，这本书告诉你，你不需要控制就能帮助孩子。你也不能控制你的伴侣的行为，而且你也不需要这样做来帮助孩子。如果你们已经尝试了本章中的所有建议，最后得出结论，你们两个在这个阶段没有办法合作，那么，最好是尊重你的伴侣的决定，专注于改变你自己的顺应，即使你的伴侣不愿意一起改变。无论你们是一起抚养孩子的父母，还是不在一起的、分开抚养孩子的父母，都是如此。

如果你决定现在最好关注你自己的行为，并且接受你必须独自做这件事情，你仍然可以尊重你的伴侣。你的决定不一定得是对抗性的或有争议的。你可以让你的伴侣知道你打算做什么，解释这么做的原因，并接受他可能不同意你这么做。重要的是，你所做的改变仍然可以改善孩子的焦虑，即使他的另一方父母有不同的看法，并继续以不同的方式回应他的焦虑。在你的信息中让孩子知道，你的计划只适用于你，而不评价你的伴侣在做的事情是好是坏。然后尽你最大的努力坚持你的计划。你的伴侣可能会意识到你的计划很有帮助，从而改变他的想法。或者，他也可能继续采取不同的行动。不管怎样，如果你尊重他的决定，强调让他知道你在做什么，而不是要求他做同样的事情，那么反过来，他就更有可能尊重你的意见。

本章你学到了：

- 如何改善与伴侣的沟通
- 如果你和你的伴侣意见不一该怎么做
- 如何确定是否有一个你们双方都赞同的计划

第 14 章

接近尾声，那么接下来呢？

你做到了！

养育孩子可能会很困难，而养育一个焦虑的孩子可能会特别困难。如果你通读了本书，遵循了各种建议，在识别顺应的同时，保持支持（而不是保护的或要求的），制订并实施了减少顺应的计划，那么……做得好！！我十分钦佩你，向你致以最真诚和衷心的钦佩。我钦佩任何一个有决心和对孩子无私奉献的父母，他们会花时间和努力去帮助孩子过上更快乐、更健康的生活，少受焦虑的影响，保护孩子免受焦虑可能造成的伤害。

我也希望在这本书中描述的步骤已经帮助父母们实现了他们的主要目标，即让孩子减少焦虑。没有人（或者说应该没有人）可以完全摆脱焦虑，而本书的目标也不是从孩子的生活中完全消除焦虑。我也希望你认识到，孩子应对焦虑的能力实际上是非常有力的，而你的孩子也意识到了这一点。如果他意识到了，那么你所做的努力对他来说是一份巨大的礼物，这份礼物会帮助他一生，将继续改善他的生活。

如果你觉得孩子的焦虑已经得到部分改善了，但他仍然在应对显著的和损害性的焦虑，你可以考虑一些可能的后续步骤。你可能需要继续努力减少你的顺应，通过采取额外的目标，制定计划的步骤，逐步减少在这个新领域的顺应。你也可以考虑尝试其他的治疗方法和策略。第 2 章简要讨论了一些最适用儿童焦虑症的治疗方法，包括认知行为疗法（CBT）和精神药物治疗。本书末尾的附录 B 提供了一些有用的资源，以便你了解更多关于循证治疗的内容，帮助你在你所在的地方找到一个熟练的咨询提供者。你可以考虑与你所在地区的有能力的治疗师或精神科医生会面，来讨论这些方法的可行性。记住，CBT 需要你的孩子有一定程度的投入和动力，所以这种治疗可能并不适合所有人，但如果你的孩子至少愿意探索这种可能性，他可能会发现这非常有效。

如果你觉得你完成本书中描述的方法所付出的努力，对你孩子的焦虑没有太大的作用，上述建议也同样适用。没有一种治疗方法能对所有孩子奏效，而且时机也很重要。如果践行本书没有帮助，不要责怪自己，不要沮丧或气馁。你所做的改变很可能已经帮助了你的孩子，也将继续帮助他，即使目前看上去没有发生太大的改变。知道你接受并相信你的孩子，对孩子是很重要的和有影响的，即使他的焦虑水平仍然很高。

保 持 支 持

如果孩子的焦虑已经得到改善，事情正在恢复到一个更常规的模式，而不需要特别的计划来帮助你的孩子应对，那么对他的焦虑保持支持的态度是很重要的。你可能会面临很多情况，这些情况下你的孩子面临一个又一个的挑战。其中一些挑战与焦虑有关，而另一些则无关，支持的态度在大多数情况下都很有用。向你的孩子展示你可以接受和体会他的感受，同时也对他应对挑战和忍受一些不适的能力显示出信心，很少会出错。

特别是对与焦虑有关的挑战，在你的言语和行动中表达支持性的态度，可以帮助预防未来孩子的焦虑的升级或增长到它再次成为一个主要问题的程度。在这个过程中练习使用支持性陈述，也会对你的孩子发出一个信号，提醒他需要独立应对，减少你回到没有帮助的顺应中的风险。

记住，有焦虑倾向的孩子在他们的一生中可能会经历比典型焦虑更严重的焦虑。你会有自己的"家庭语言"来谈论焦虑以及如何应对它，所以要注意孩子的焦虑增长的迹象，并准备好以一种支持的方式来应对它。家庭压力升高的时期，如搬到新家或换新学校、孩子生活中发生重大丧失以及社会压力源都可能导致焦虑增加，即使焦虑已经成功治疗。其他时候，即使没有特定的压力源或触发器，孩子的焦虑似乎也会增长。不管是什么原因，如果孩子的焦虑又回来了，父母的支持性反应是很有帮助的。

注意你的顺应

现在你已经是个顺应专家了！这很好，因为它会让你更容易注意到你是否又回到了过去旧的顺应模式，或者开始发展新的顺应模式。即使是对顺应和焦虑非常了解的父母，有时也会突然意识到自己已经开始了一些新的顺应。这很容易发生，而且有时会在发生了一段时间后才会意识到。如果你注意到你开始了另一个顺应，你知道该怎么做了！不要感到沮丧！相反，要保持支持，专注于自己的行为，减少顺应。

对焦虑的孩子生气永远无济于事，这么做没有意义，但你一直如此努力地帮助孩子减少焦虑，因而当你意识到退回到旧模式时你感到恼怒是很自然的事。但要保持乐观。很有可能，如果你成功地减少了你的顺应和孩子的焦虑，那么再做一遍将会容易得多。支持性的陈述和顺应计划对你和你的孩子来说都会更加熟悉,不再那么令人生畏。你会有一些你第一次这样做时无法拥有的东西:你会知道过去这样做是有效的!如果你不顺应,你的孩子可能会感到沮丧,但他也会知道你过去这样帮助过他,当你制订计划时,你就可以坚持下去。

注意"顺应复发"的一个好办法是每个月的检查。你可以使用这本书的工作表每隔几周快速检查你的日程,并评估任何新的或遗留的顺应。你可以自己、和伴侣或者和你的孩子一起做这个检查活动。事实上,不只是你成了一名顺应专家,你的孩子也是。当很多孩子注意到父母开始顺应时,他们甚至向他们的父母指出。有时他们采用陈述句的形式,而其他时候更多的是一种暗示。

> 莱拉今年11岁,她的父母雪莉和特伦斯一直在努力减少对她焦虑的顺应。他们制订了两个不同的顺应计划,一个是停止提前放映电影,以确保其中不包括任何可怕的内容,如火灾或洪水;另一个是在莱拉听到附近的警报声时停止查看当地新闻。他们的计划进行得很顺利,莱拉对灾难的焦虑减轻了很多。
>
> 在莱拉恢复正常的、很少显得非常焦虑的几个月后,某天莱拉从学校回来时非常不安。有个同学给班上讲了一个可怕的故事,说她祖母的家被一场大洪水淹没,并生动地描述了她的祖母是如何在洪水中差点被淹死的。莱拉把这个故事告诉了雪莉,最后说:"我需要你查看天气频道,告诉我这里是否也会有暴风雨。但你可能不会那样做,对吗?"

雪莉可能觉得看一次天气频道不是什么大问题。毕竟,莱拉一直做得很好,当她显然很紧张,只是听到一个相当戏剧性的故事时,帮助她一次真的那么糟糕吗?也许只查看一次也不会有害?事实上,有可能是这样。但让我们从莱拉的角度来思考一些问题。这是一段时间以来她第一次遇到自己的恐惧和担忧，她正在等待她的母亲会如何回应。这次事件是一个通过查看新闻来"帮助"莱拉的机会。但这也是一个很好的机会来提醒她，她是多么的强大和有足够的能力。通过不看新闻，雪莉可以提醒她的女儿，应对焦虑是有时我们所有人都必须做的事情，她完全相信莱拉能做到这一点。

有趣的是，你怎么看莱拉的最后一句话？有可能她的话（"你可能不会那样做，对吗？"）听起来像是她在沮丧或悲伤地指责她的母亲不会帮助她。然而，同样话可以听到孩子在表达知识和力量，莱拉的意思可能是在对她的母亲说："我们都知道这不是我现在真正需要的。"事实上，很有可能，如果雪莉真的为她查看了这个消息，莱拉就会感到失望和遗憾，而不是高兴。得知路上没有暴风雨，她可能会松一口气，但她也会对母亲没有坚持支持信息里的力量和信心而感到失望。重要的是，莱拉很可能会再次很快感到焦虑，从她的母亲那里寻求更多的顺应。如果雪莉用支持的声明来回应，莱拉可能不会松一口气，但她会知道，她的母亲对她的信心，不会因为一些焦虑的想法和感情的回归而动摇。

对于已经克服了焦虑并感到不那么担心的孩子来说，一个新的焦虑想法的出现可能会令他像他的父母一样沮丧。他可能会感到紧张，担心这是否意味着他不是真的好了，是否又回到了原点。当然，会有更多的焦虑时刻，冷静和支持的反应非常有助于保持事情处在正确的轨道，防止焦虑增长。

记住，你永远是孩子的镜子，孩子从你身上看到他自己。你做了每个父母都渴望做的事情，为完成这些事而感到自豪；你向你的孩子展示了坚强、有能力和被爱。如果孩子给你越来越多的机会向他展示这个观点，那么，这真的不是一件坏事！

附录 A
工作表

本附录包含了书中提到的所有工作表。你可以随意制作这些工作表的副本,因为你在按照本书工作的时候可能需要不止一个。

序号	标题	在哪一章出现
1	焦虑是怎样影响孩子的?	第 1 章
2	育儿陷阱	第 4 章
3	你和你孩子的焦虑	第 5 章
4	顺应清单	第 6 章
5	顺应地图	第 6 章
6	你说的话	第 7 章
7	支持性陈述	第 7 章
8	你的计划	第 9 章
9	声明	第 10 章
10	监控目标顺应	第 11 章

工作表 1　焦虑是怎样影响孩子的

用这个工作表，写下你注意到焦虑影响孩子的四个方面的主要方式：身体、思想、感觉和行为。

焦虑怎样影响孩子的身体	焦虑怎样影响孩子的思想
例如，当她焦虑时心跳加速	例如，他总是考虑最坏的情况
焦虑怎样影响孩子的感觉	**焦虑怎样影响孩子的行为**
例如，她焦虑时脾气坏得多	例如，他不在学校的课堂上讲话

工作表 2　育 儿 陷 阱

用这个工作表，写下你对孩子说的或者关于孩子的焦虑的**保护性**或**要求性**的话。

保护性
例如，我们知道这对你来说太多了
例如，你不能很好地处理压力

要求性
例如，试着做符合你年龄的事
例如，它实际上没那么可怕

工作表3 你和你孩子的焦虑

当你开始思考你顺应孩子的方式时,写下你对这些问题的答案将会提供一些有用的信息。如果你和伴侣一起生活,花点时间一起讨论这个问题是个好主意。

你有多少时间被孩子的焦虑占据了?

和他/她的兄弟姐妹相比,你为这个孩子做了什么不同的事情?

如果你的孩子不焦虑或不害怕,你会做什么不同的事情呢?

工作表 4 顺 应 清 单

在这一页上，写下你所知道的顺应。试着尽可能多地回想，但如果你忽略了一些，也不要担心！

你是如何顺应的？

工作表 5　顺 应 地 图

用顺应地图写下一天中发生的所有顺应情况。如果空间不足，请增加一页。

时间	发生了什么？都有谁参与？	频率
早上 （起床、穿好衣服、吃早餐、去上学）	例如，妈妈提供的早餐有特别的菜	每天一次
下午 （午餐、接课、家庭作业、课外活动、社交活动）		
晚上 （晚餐、家庭时间、睡前活动）		
睡觉时间 （准备睡觉、洗澡、上床睡觉）		
夜间		
周末		

工作表 6 你 说 的 话

用这个工作表写下你在孩子焦虑时对孩子说的话,并注意它们是否包括支持的两个要素:**接受**和**信心**。

你 说 的 话	接 受	信 心
例如,你只需要通过		√
例如,我明白这对你来说很难	√	

工作表 7　支持性陈述

用这个工作表将你通常说的一些话改为支持性声明，其中包括支持的两个要素：**接受**和**信心**。

原陈述	接受	信心	新陈述	接受	信心
例如，你只需要通过		√	这很难，但你能通过的	√	√
例如，我明白这对你来说很难	√		我知道这对你来说有多难，但你可以的	√	√

工作表 8　你 的 计 划

用这个工作表来写下你减少顺应的计划。尽可能详细地说明你的计划是什么、什么时候、（和）谁、怎么做、做到什么程度，以及你要做什么替代。

你的计划	是什么
	什么时候
	（和）谁
	怎么做及做到什么程度
	做什么替代

工作表 9　声　　明

用这个工作表写下你给孩子的信息，告诉他或她你减少顺应的计划。信息应该是简短、支持、具体的，应该包括计划**是什么、什么时候、(和) 谁、怎么做**以及**做到什么程度**。

你可以为此工作表制作额外的副本，如果你愿意，你也可以在电脑上完成。

工作表 10　监控目标顺应

用此工作表来跟踪和监控你在减少目标顺应方面的进展。写下每个实施计划的日期和时间，简要描述你做了什么，如何进行的，以及你遇到的任何困难。你可以为此工作表制作额外的副本，如果你愿意，你也可以在电脑上完成。

日期	时间	情况描述：发生了什么事？你做了什么？如何进行的？有什么问题吗？

附录 B
资　源

许多资源都提供了关于儿童焦虑和强迫症的有用信息。这些资源包括书籍、网站和其他帮助找到专家的工具。下面是这些资源的部分列表。

适合父母阅读的书籍

Freeing Your Child From Anxiety: Practical Strategies to Overcome Fears, Worries, and Phobias and Be Prepared for Life—From Toddlers to Teens. Author：Tamar Chansky（《让你的孩子摆脱焦虑：克服害怕、担忧和恐怖症，为生活做好准备——从学步儿到青少年》，作者：塔马·尚斯基）

Freeing Your Child From Obsessive-Compulsive Disorder. Author：Tamar Chansky（《让你的孩子摆脱强迫》，作者：塔马·尚斯基）

Anxiety Relief for Kids. Author：Bridget Flynn Walker（《孩子的焦虑处方》，作者：布里吉特·弗林·沃克）

Helping Your Anxious Child. Author：Ron Rapee, Ann Wignall, Susan Spence, Heidi Lyneham, Vanessa Cobham（《帮帮你焦虑的孩子》，作者：罗恩·拉比、安·维格纳尔、苏珊·斯宾塞、海蒂·林纳姆、凡妮莎·科巴姆）

适合孩子阅读的书籍

What to Do When You Worry Too Much: A Kid's Guide to Overcoming Anxiety. Author: Dawn Huebner（《当你特别担心时该怎么办：克服焦虑的儿童指南》，作者：道恩·休伯纳）

Outsmarting Worry: An Older Kid's Guide to Managing Anxiety. Author: Dawn Huebner（《智胜担忧：大孩子的焦虑自助书》，作者：道恩·休伯纳）

The Anxiety Workbook for Teens. Author: Lisa Schab（《青少年焦虑工作手册》，作者：丽莎·沙布）

Guts（a graphic novel about fear of throwing up）. Author: Raina Telgemeier［《勇气》（一本关于害怕呕吐的图文小说），作者：莱娜·塔吉迈尔］

Rewire Your Anxious Brain. Author: Catherine Pittman, Elizabeth Karle（《重新连接你焦虑的大脑》，作者：卡瑟琳·皮特曼、伊丽莎白·卡尔）

The Thought That Counts: A Firsthand Account of One Teenager's Experience with Obsessive-Compulsive Disorder. Author: Jared Kant, with Martin Franklin and Linda Wasmer Andrews（《怎么想最重要：关于青少年强迫经历的第一手解释》，作者：贾德·康德、马丁·弗兰克林、琳达·瓦斯默·安德鲁斯）

提供专业服务者的信息和工具的网站

美国焦虑症协会（Anxiety Disorders Association of America）：

www.adaa.org

国际强迫症基金会（International OCD Foundation）：www.ocfoundation.org

行为认知疗法协会（Association for Behavioral and Cognitive Therapies）：www.abct.org

在本书中所描述的减少家庭顺应的方法被称为SPACE疗法。在这个网站上，你可以找到受过培训的为父母提供SPACE疗法的治疗师名单，还可以加入针对焦虑孩子的父母的论坛：www.spacetreatment.net